LE PETIT LIVRE DES ROSES
ちいさな手のひら事典
バラ

LE PETIT LIVRE DES ROSES
ちいさな手のひら事典
バラ

ミシェル・ボーヴェ 著

元木はるみ 監修
ダコスタ吉村花子 翻訳

目次

花の女王	9
バラの香り	14
もっとも香り高いバラ	16
バラと調香師たち	18
ローズエッセンシャルオイル	20
ローズウォーター	22
ローズジャム	24
ローズヴィネガー	26
ローズヒップティー	28
バラの薬効	30
バラを楽しむテクニック	32
バラのブーケ	34
ローズ・ローズ	36
赤バラ	38
白バラ	40
黄色いバラ	42
バラと花言葉	44
バラとバレンタインデー	46
マジック・ローズ	48
ローザ・ミスティカ	50
バラの病気	52
ローズ・ダムール(愛のバラ)	54
プロヴァン・ローズ	56
ブルボン・ローズ	58
シナモン・ローズ	60
ケンティフォリア・ローズ	62
セルシアーナ	64

フランクフルト・ローズ	66
木香バラ	68
ガリカ・ローズ	70
ドッグ・ローズ	72
ロサ・アルヴェンシス	74
モス・ローズ	76
ノワゼット・ローズ	78
ティー・ローズ	80
ロサ・ルビギノーサ	82
ロサ・ピンピネリフォリア	84
ロサ・ケンティフォリア・ブラータ	86
ロサ・グラウカ	88
マレシャル・ニール・ローズ	90
ラ・フランス	92
ハマナス	94
マルメゾンのバラ	96
ライ・バラ園	98
バガテル・バラ園	100
サヴェルヌ・バラ園	102
ルイーズ・ミシェル・バラ園	104
モティスフォント・アビー・ローズガーデン	106
魅力あふれる小さなバラ園	108
リヨン・バラ園	110
リヨンのバラ	112
ギヨー一族	114
その他のバラたち	116
古代のバラ	118
ホメロスとバラ	120
クロリスとバラ	122

アフロディテの赤いバラ	124
バラの谷	126
ロンサールのバラ	128
アグリッパのバラ	130
そしてバラは散った……	132
ロマン派詩人たちのバラ	134
ピエール゠ジョゼフ・ルドゥーテ	136
サアディーのバラ	138
歌に登場するバラ	140
ピカルディのバラ	142
侯爵夫人のバラ	144
トゥルヌソル博士のバラ	146
悩ましい棘	148
バラにまつわる慣用句	150
ローズポット	152
バラの冠の乙女	154
帽子にバラ	156
パンとバラを！	158
バラ戦争	160
ミュンヘンの白バラ	162
福山のバラ	164
マジノ線のバラ	166
映画とバラ	168
もっと知りたい人のために	171

花 の 女 王

　気品あふれる花の女王バラ。ピンク、赤、黄色、白と色とりどりで、燦然と不動の地位を誇っています。見た目と同じくらい香りも快いバラを前にすると、近寄りがたい牡丹やチューリップでさえも、一介の姫君にすぎません。

　バラのように美しい、バラのように爽やか、バラのような肌の輝き──。フランス語では、美に関する表現にバラが多用されます。切り花でも地植えでも楽しめるバラには、様々なシンボルが秘められています。純潔、純真、エレガンス、完璧さ、欲望、官能、無垢、貞節、愛、情熱。これは今に始まったことではなく、すでに16世紀にはプレイアッド派と呼ばれる詩人の一派が、バラを女性や気品に結びつけて表現しています。そのうちの1人ロンサールは、恋人カッサンドルに「かわいい人、バラ（中略）を見てみよう」とささやいています。

　すでにキリスト教の黎明期には、バラは花の女王で完璧な美の化身とされ、この世の最高の女性、すなわち聖母マリアのシンボルとなり、ローザ・ミスティカの概念へとつながっていくことになります（50ページ参照）。けれども実は、当時のバラは現在のような華やかな存在ではありませんでした。

野生種のバラ

　バラは今でこそヨーロッパ中の庭に堂々と君臨し、華やかに咲き乱れていますが、もとはごく地味で小ぶりな花でした。地質時代区分で言えばすでに第三紀には湖畔や山などに咲いて

いて、次第にアメリカ大陸、ヨーロッパ、アジア、北アフリカにまで広がりました。確かに現代の野生種のバラも一重咲きで、花びらは5枚、中央におしべが密集しています。植物学的には、小ぶりなものも大ぶりなものも灌木、あるいはつる性低木に分類されます（ただし、支えに巻きつく器官はありません）。茎から伸びる3〜5枚の小葉（一般に「葉」と呼びます）は、たいてい楕円形でギザギザとしています。

　バラと言えば棘。「きれいな花には棘がある」と言われますが、植物学的には、バラの棘は茎に突き刺さったような形状で簡単に引き抜くことができるため、茎にしっかりとついている一般的な棘とは異なります。進化と共に生えた棘は、花を摘むにはやっかいな存在ですが、この棘があったからこそ草食動物から身を守り、現代にまで生き延びたのでしょう。

　フランスで広く知られている野生種のバラに、ドッグ・ローズが挙げられます。森に自生し、ピンクの花が特徴で、ローズヒップと呼ばれる赤い実がなります。その昔、フランスの田舎でベッドにこの実を忍ばせ、そこに寝た人のお尻をチクチクさせるいたずらがあったことから、「お尻かき（グラット・キュル）」とも呼ばれています。

　植物学的にはローズヒップは花托（かたく）で、中に入っている茶色の塊こそが本物の実、さらにその中に種子があります。野生種のバラは、いずれも一重咲きで年に一度だけ咲きます。たいていの種子植物と同じく開花期は春。けれども中世、いえ古代においても、半八重咲きのバラ（おしべの一部が花びらに変化したもの）や八重咲きのバラ（おしべがすべて花びらに変化したも

の)が存在していました。これは、自然界に偶発的に起こる「突然変異」ですが、こうしたバラが起源となって、今日の園芸バラが生まれたのです。

バラの黄金期

　すでに16世紀、17世紀において、バラは庭の女王的存在としてチューリップと人気を二分していました。17世紀初め、ある品種が登場します。その名は「キャトル・セゾン(四季)」。夏に開花して秋まで咲くという特筆すべき特徴を持っていますが、正確な起源はわかっていません。以降、園芸家たちはもっぱら、偶発的に大きな変異を遂げたバラを栽培し、種をまき、接ぎ木して交配させ、目新しい野生種のバラを求めて世界中を巡り、何か見つけるたびにヨーロッパへ送りました。こうしてアジア、中国、北アメリカのバラがヨーロッパへと届き、園芸家たちは新たな鑑賞用のバラを「作出」します。

　バラの最初の大流行が起こったのは、19世紀初めのこと。皇帝ナポレオン妃のジョゼフィーヌがパリ近郊に所有していたマルメゾンの庭にはバラが咲き乱れ、大変な話題となって、フランスやイギリスのみならずヨーロッパ中に熱狂を巻き起こしたのです。19世紀後期になると、四季咲きで大輪のハイブリッド・ティーが現れ、様々な形のバラが庭園、バラ園、博覧会、花屋、サロン、ご婦人の胸元などあらゆる場所を飾るようになりました。

永遠の魔力

　無数の品種が生み出され、庭でも室内でも愛され続けているバラですが、その魅力が色あせることはありません。花の女王バラ。その姿は美を体現し、香りは人を酔わせ、あらゆる形の愛のシンボルでもあります。

　花言葉は雄弁に愛を物語り、赤バラは情熱を、ピンクのバラは優しさを、白バラは純潔を表しています。誕生日やバレンタインデーにもっとも贈られる花であることは、言うまでもないでしょう。魔力を持った神秘的なバラは、私たちをひきつけてやみません。

※現在バラは、約2万品種あると言われています。そのうち野生種は約150種類で、自然交雑や交配などによって様々なオールドローズが誕生していきました。そして1867年、フランスのギヨーが作出したハイブリット・ティー・ローズの「ラ・フランス」（92ページ参照）をモダンローズ（現代バラ）第1号とし、それ以後のバラをモダンローズと呼んでいます。

バラの香り

　神々しい、天にも昇る心地よさ、甘美、うっとり、魅惑的……。バラの香りを表す言葉は無数にありますが、どれも正確性に欠けます。バラ栽培専門カタログでは「繊細な香り」は軽い香り、ときには実際には香らない、いわば想像上の香りを意味し、「強い香り」は頭をくらくらさせるような香りを指します。

　けれども、もっと正確に香りを言い表すことも不可能ではありません。数多くの品種それぞれの香りを識別し、分類するために白羽の矢が立てられたのが、「鼻(パフューマー)」と呼ばれる調香師たち。彼らは特にワインのボキャブラリーを駆使して、香りを表現しました。例えば、イギリスのバラ専門家H.R.ダーリントンは、1909年にパリ郊外のライ・バラ園で実施された調査終了後、驚きをもって調香師たちの結論を報告しています。「専門家たちは(中略)、その他多くの奇妙な相似点を発見した。彼らによれば、ハイブリッドローズ『チェスハント』は『プルーンやマーマレードの』香りで、藁やロシアンレザーやエストラゴンのような意外なアロマも引き合いに出している」

　苗木を育成する現代のナーサリーでは科学的見地に立って、シナモン、クローブ、柑橘類、アプリコット、バニラなどのアロマを参照しながら、より正確にバラの香りを表現しようと模索しています。

もっとも香り高いバラ

　意外なことに、バラの香りはその中心ではなく花びらから来ています。花びらの細胞が香りを作り出し、幾千もの香り分子を放出するのです。ヘキセノールとオイゲノールという謎めいた名前の分子で、オイゲノールはクローブにも含まれています。ほかにも、バジリコやローズゼラニウム（ローズゼラニウムはローズの香りのエッセンスにも使われています）などの植物に含まれるゲラニオールという分子もあります。野生種のバラにはたいてい香りがあり、「オールドローズ」と呼ばれる初期の交配品種も同様です。

　現代の品種が必ずしも香らないのは、交配プロセスにおいて香りが重視されてこなかったためです。返り咲きしない、病気に弱いなどの弱点を持ったオールドローズですが、美しいたたずまいで、よい香りがするという長所もあります。ガリカ・ローズ、ダマスク・ローズ、アルバ・ローズ、ケンティフォリア・ローズ、モス・ローズのほとんどの品種、ブルボン・ローズ（「スヴニール・ド・ラ・マルメゾン」など）、ノワゼット・ローズ（「マダム・アルフレッド・キャリエール」など）も、香りのよいオールドローズです。

※日本でも最近、香り高いバラがとても人気です。特に中国で古くから栽培されてきた「食香バラ」と呼ばれるチャイナ・ローズが注目されています。

バラと調香師たち

　すでに古代ローマの邸宅(ヴィラ)や共同浴場には、バラから抽出したエッセンスの香りが漂っていました。中世になると、ペルシャの町々でバラの香水が生産されるようになり、17世紀にはバラ産業が発展して、イタリア、特にジェノバで蒸留法による抽出が確立されました。最近では、ブルガリアやトルコでローズエッセンシャルオイルの生産が伸びています。

　使用されるのは圧倒的にダマスク・ローズですが、ロサ・モスカタ(*Rosa moschata*)やガリカ・ローズも使われます。フランスでは南仏アルプ＝マリティーム県グラース村周辺で、比較的小規模ながらケンティフォリア・ローズの「ローズ・ド・メ(5月のバラ)」が栽培されています。グラース村のバラ栽培は歴史が深く、かつてなめし革産業が盛んだった時代、この村で作られていた手袋の強い匂いを消すためにバラの香水が用いられたと言われています。

　今日でも数軒の生産者が栽培を続けており、5月になると毎日のように手作業でバラが摘み取られ、町は活気づきます。グラース村のバラから作られたエッセンシャルオイルは、最高の調香師にゆだねられ、高級香水の調香に使われます。

ローズエッセンシャルオイル

　ローズエッセンシャルオイルとローズアブソリュートは別物です。前者は蒸留法で抽出されるため、揮発性化合物はほぼ保たれます。アブソリュート法では溶媒を用います。一方、「ローズヒップエッセンシャルオイル」はチリ原産で、ハマナスの（花ではなく）実から抽出されたオイルです。いずれもシワや乾燥肌に効用ありとされていますが、こだわりのある人の言葉を借りれば、アブソリュートよりもエッセンシャルオイルの方が効き目があるとか（エッセンシャルオイルはややレモンのような香りです）。

　オイルには主としてダマスク・ローズが使われますが、プロヴァン・ローズを使う場合もあります。古代、プロヴァン・ローズには催淫性があると信じられていましたが、現代では、肌にハリを取り戻す効用があるとされ、多くの化粧品に使われています。

　また、ちょっとした肌のトラブルからの回復を助けるとも言われていますが、初めて使う前は少量でパッチテストをした方がよいでしょう。喘息や呼吸器系疾患の治療として吸引することもあります。ディフューザーで室内にミストすると、ストレスや不安を和らげる効果もあるようです。

※エッセンシャルオイルとは精油のことで、1キロのバラの精油を水蒸気蒸留で抽出するには約5000キロものバラの花が必要です。

ローズウォーター

　アラビアのアイユーブ朝始祖サラーフ＝アッディーンは、1187年に十字軍と戦いエルサレムを占領すると、ローズウォーターでオマール・モスクの壁を浄化させたと言われています（ただしローズウォーターには殺菌作用はありません）。

　現代では、フランス語でローズウォーターロマンと言えば、甘ったるい少女小説、お涙頂戴ものを意味しますが、ローズウォーター自体は決して甘ったるくはありません。むしろ繊細な香りと言った方が正しいでしょう。「ローズウォーター＝甘ったるい」という先入観は、スイーツにローズウォーターが使われていたことに由来しているのかもしれません。

　バラを使ったスイーツ作りには、香り高いバラを選びましょう。香りを出すには、花びらに熱湯をかけて煎じてもよいのですが、一番効果的なのは蒸留です。香り高い新鮮なバラの花びら150グラムと水250ミリリットルを蒸し器に入れます。蒸しかごをセットして、耐熱皿を置き、蓋を上下逆さまにして載せ、蓋の上に氷を置きます。弱火で加熱し、氷が溶けたらつぎ足します。耐熱皿に蒸留芳香水がたまったらガラス瓶に移します。冷蔵庫で2週間保存できます。

　化粧水として使うと爽やかな使い心地で、ハリ、保湿、滑らかさが期待できます。スイーツやフルーツサラダ、チョコレートクリーム、ソルティなレシピの香りづけにもどうぞ。

※人類が最初にローズウォーターを作った際に使われたバラは、メソポタミア原産のダマスク・ローズ「ゴル・ムハマディ」だと言われています。

ローズジャム

　ベルギーの漫画『タンタン』シリーズに登場する首長モハメッド・ベン・カリシュ・エザブは息子を溺愛し、「ローズジャムのようなかわいい小鳥」と呼んでいます。その「かわいい小鳥」と言うのが、アブダラという名の大変なわんぱく小僧で、『燃える水の国』や『紅海のサメ』に登場します。きっと首長にとっても、作者エルジェにとっても、シリアのアレッポ名産のローズジャムは、甘みと洗練の極みそのものだったのでしょう。

　では、ローズジャムを作ってみましょう。開花して香りのする赤かピンクのバラを用意します。汚れや虫を取りながら花びらをむしります。サラダボウルに入れ、冷水を注ぎます。500グラムの花びらに対し、400〜500ミリリットルの冷水です。レモン汁を加え、一晩おきます。翌日、水はほんのり赤くなるので、花びらを取り出してその水を鍋に入れ、500グラムの砂糖を加えてかき混ぜながら加熱します。煮立ってきたら花びらも入れ、とろみが出るまで弱火で10分加熱します。冷たい皿に数滴置いて、とろみを確かめたら、すぐに瓶に移しましょう。

　トーストに塗ってお茶と一緒に、またはチーズのお伴にどうぞ。ワインと合わせるなら、香り高いゲヴュルツトラミネールがおすすめです。

※ローズジャムのバラは、香り豊かで花弁が柔らかく、苦みや渋みが少ないものを選びましょう。

ローズヴィネガー

　市販のローズヴィネガーの中には、ワインヴィネガーにローズシロップで香りづけをしたものもありますが、自分で作った方が簡単ですし、余計なものも入りません。自家製ローズヴィネガーは、料理にも肌のお手入れにも使えます。

　手順は、ピンクのバラの花びら(または赤でも可。薬剤処理されていないオールドローズ)をヴィネガーに漬けるだけ。ヴィネガーは、白でもシードルでも(お料理に使うならシードルヴィネガーがおすすめ)赤でも(うがいには赤をどうぞ)結構です。いくつかの配合比がありますが、基本的には花びら100グラムに対してヴィネガー0.5リットルです。ヴィネガーを瓶に入れて花びらを加えたら密封し、冷暗所で1週間おきます。その後、花びらを濾して、ヴィネガーをガラス瓶に移します。念のため2週間ほど休ませましょう。

　しっかりとバラの香りがつくので、(ほかのヴィネガーと合わせて)サラダドレッシングに入れたり、鍋底に焼きついた煮汁を溶かしてソースにするのに使えます。シャンプー後にリンスと混ぜたり、水に溶かしてうがい薬としても使えますし、口内炎や歯茎の炎症や、打ち身にも効果があります。

※ローズヴィネガーに砂糖や蜂蜜で甘みを加えて水や炭酸で割れば、爽やかドリンクのできあがり。

ローズヒップティー

　ある意味、ローズヒップは損な役回りです。フランス語では「cynorrhodons(シノロドン)」と、難しくて覚えにくい綴りですし、毛が生えているため「お尻かき」という不名誉な名前(10ページ参照)をつけられているのですから。

　けれどもローズヒップにはオレンジと比較して20倍ものビタミンCが含まれており、多くの効用があります。お茶にして飲むと風邪の予防に効果大。寒くなる時期、ちょうどローズヒップが熟す頃に飲みましょう。色はたいてい赤ですが、オレンジや黒いものもあります。野生種(ドッグ・ローズ)や薬剤処理していない鑑賞用のバラから、ローズヒップを摘みます。ハマナス(*Rosa rugosa*)やケンティフォリア・ローズ(*Rosa x centifolia*)、ロサ・カロリーナ(*Rosa carolina*)なら、たくさんの実がなります。

　摘んだあと、洗って毛を取り除きますが、さらにお茶をいれるときにペーパーフィルターで濾せば毛が混じりません。使うローズヒップの量は3つから5つ。お湯を沸かして5分煎じます。タイムを加えれば、風邪の予防効果がアップします。

※エキナセアを加えれば免疫力アップ。ハイビスカスを加えれば眼精疲労や肉体疲労の改善効果、ジャーマンカモミールを加えれば安眠効果があり、ストレス起因の肌トラブルにも効果が期待できます。

Rosa Eglanteria var punicea   Rosier Eglantier var couleur ponceau

バラの薬効

　カール大帝が活躍した8世紀に書かれた書物『*Capitulaire De Villis*』は、料地に関する勅令集ですが、特に植物に関する記述が有名で、バラも登場します。つまり、当時の庭にはすでにバラが咲いていたのです。

　とりわけ修道院で、ドッグ・ローズ(*Rosa canina*)をはじめとする野生種のバラが薬草として栽培され、時代が下るにつれ、ロサ・ガリカ・オフィキナリス(*Rosa gallica officinalis*)などのガリカ・ローズが使われるようになりましたが、そのほかの品種(特にオールドローズ)にも薬効があります。

　効用は様々ですが、花びらを使ったお茶なら手軽で飲みやすく、呼吸器系疾患や下痢に効きます。15グラムの花びらを0.5リットルの熱湯で15分間煮ます。もう少し濃く煮出したもので口をすすげば口内炎に効きますし、肌に塗れば炎症や打ち身を和らげる効果もあります。念のためアレルギー反応が起きないかどうか、少量を塗って確かめましょう。薬剤処理されていない木でしっかりと開花した花びらを選ぶのがポイントです。

Rosa gallica

バラを楽しむテクニック

　美の化身とされるバラですが、花瓶に生けてこそ、その美しさも引き立つもの。そのためには、いくつかのルールがあります。

　バラ自体がパーフェクトなら1輪でも充分。首の部分が細くなっていて、茎をしっかりとホールドする花瓶に生けましょう。

　葉が少なければ、シダや白い斑のベアグラスを適量添えます。ただし添えすぎは禁物。何本も生けるなら、それぞれの花を楽しむことができるラウンド型の花瓶がおすすめです。外側の花の茎は短めにするなど、茎の長さを変えて切るとよいでしょう。チキンワイヤーを丸めて花瓶の口に置くと、生けやすくなります。

　ほかの花と組み合わせるなら、ユリ、ガーベラ、胡蝶蘭など、バラに劣らぬ気品があって優美かつ形の異なる花を選びましょう。カスミソウやサクラランもバラの美しさを引き立てます。ブーケには、トベラの葉（緑や複数色）やユーカリ、オリーブの葉が合います。

　バラとツゲだけを使ったラウンドブーケは、一段とエレガントです。

バラのブーケ

　切り花にする場合、香りのないバラの方が香りのするものよりも長もちします。特に花屋で購入したバラがそうです。理由は、切り花用の品種の開発には、香らない代わりに長期間の乾燥に強いものが選ばれてきたため。香りのするバラや庭で摘んだバラは、平均して3日間しかもたないのに対し、花屋で購入したものは1週間ほどもちます。品種によっては部分的にしか開花しないものもあって、そうしたバラはさらに長く咲きます。

　切り花を長もちさせるには、いくつかのポイントがあります。まず、茎を斜めに2cm切ったら、すぐに清潔な花瓶に入れること。このとき、できれば流水の下で剪定バサミを使って切りましょう。水につかる部分の葉は切り落とします。暖房器具からは離れたところに飾り、室内が乾燥していれば霧吹きで水分を補給しましょう。

　開花すると花びらから水分が蒸発していくので、水を替えるときに茎を切ります。終わり近くになったら、思い切って茎を短く切り、グラスに生け替えます。

※香り高いバラに、芳香のあるハーブなどを合わせた香りのブーケもすてきです。

Rose jaune et Rose du Bengale   *Rosa lutea et Rosa Indica*

ローズ・ローズ

　フランス語で「ローズ・ローズ」は、バラ色のバラ。フランスの詩人ロベール・デスノスは、「バラ色のバラ、白バラ」と、美しい語感を生かした詩を詠んでいます。

　古代ローマに咲いていた野生種のバラ（ドッグ・ローズ）には赤や白もありましたが、いずれにせよ、長い歴史を通してバラはバラ色、つまりピンクというのが定番です。けれども、「バラ色」という言葉はバラから来ているのでしょうか？　それとも逆なのでしょうか？　一般的にはバラがバラ色の語源であると考えられていますが、そうとは断言できません。

　真実を、遥か昔にさかのぼって究明することはかないませんが、バラ色（つまり白の混ざった赤）が赤バラのような情熱ではなく、思いやりや柔らかさ、幸せの象徴であることは確かです。母の日に（そして父の日にも）ピンクのバラが選ばれるのもそのためです。

　園芸専門家の言葉を借りれば、濃いピンク色は感謝の気持ちを、薄いピンク色は優しさを表すので、いろいろな機会に使えそうです。ピンクのバラは誠実さや慎み深さを表すともされていますが、八重咲きのピンクのバラほど官能的で、煽情的とさえ言える花はほかにはないでしょう。

※現在、「バラ色」の定義は、各国、各個人によって様々な見解があるようです。

赤バラ

　スコットランドのロマン派詩人ロバート・バーンズは、こんな詩を詠んでいます。「おお！　赤い赤いバラのごとき我が愛。6月に花開くみずみずしいバラ」

　赤バラは、情熱的で激しく燃え上がる愛の象徴。パッと目立ち、最高に力強くてダイナミックな赤は、心理学的には熱い感覚を起こさせ、力と危険の両方を感じさせる色とされます。情熱と結びつけて考えられるのもうなずけます。

　赤バラと肩を並べられるような赤い花は、めったにありません。あえて言えば、ポピーや一部のダリアでしょうか。滑らかな花びらと、特に八重咲きの場合はその形から、えも言われぬ官能性──エロティシズムと言ってもよいでしょう──を感じさせるので、愛の告白やバレンタインデーに大活躍します。

　園芸専門家に言わせれば、プロポーズのブーケには断然12本の赤バラ。けれどもローマ神話では赤は、ヴィーナスの愛人、軍神マルスの色でもあります。「愛とは戦い」と言われるゆえんはこんなところにもあるのかもしれません。

　戦いと言えば、戦死した兵士たちのお墓には、伝統的に赤バラが供えられます。

白バラ

　言うまでもなく、白バラの花言葉は純潔です。バレンタインデーに白バラを贈られたら、無垢で誠実な愛を告げられたことになります。そうした愛は、燃えるような情熱や破壊的で刹那的な激情とは違い、プラトニックな要素を含んでいます。

　キリスト教における愛は、心の清らかさや純真さ、誠実さを大切にするので、白バラは宗教的にも重要です。現代ではもはや、白バラの花言葉として美徳や貞節が挙げられることは少なくなりましたが、そう遠くない昔の伝統的結婚式では重要なものとされていました。

　例えば、19世紀半ばまで、教会式では必須アイテムだったウェディングドレスが象徴するのは処女性。白バラの花冠とブーケは、聖母マリア崇拝と結びついています。

　けれども常に、「白＝美徳」だったわけではありません。それどころか、日焼けが流行する以前は、強烈なエロティシズムを感じさせる色でもあったのです。フランスの詩人ヴェルレーヌの官能的な詩『ルーキン姫へ』には、「彼女の愛しい体。稀有な均整のとれた体。白バラのように甘美で白い体」とあります。もしかすると白バラは、考えられているほど慎み深い花ではないのかもしれません。

黄色いバラ

　バラの歴史をひもとくと、黄色いバラは大変な熱狂を巻き起こしたことがわかります。1825年頃に登場した中国産の「パークス・イエロー」は、バラ愛好家のささやかな世界の革命的存在でした。けれども切り花としては、長いこと顧みられなかったのも事実です。

　黄色は神聖とはほど遠い色とされてきたためです。理由としては、イエスを売ったユダが黄色い服を着ていたから、という説がありますが、もちろん明らかな証拠はありません。確かに中世のステンドグラスのユダは黄色い服を着て描かれていますし、確たる根拠は不明ながらも、ユダとの関連から黄色は裏切り者、不実者の色となり、その後、不貞や浮気の象徴となっていったようです。

　黄色いバラを贈ることは、相手の女性の不貞を非難するのではなく（花を通して不貞を責めるなんてことは稀でしょう）、自分の不貞を許してほしいというサイン、あるいは不貞を犯してしまったという告白であるとされていました。

　それでも黄色いバラが美しいことに変わりはありませんし、店頭でも華やかな存在です。最近では園芸専門家たちも、温かな友情（黄色は太陽の色でもあります）や楽観主義を前面に出そうと努めています。それでもやはり、バレンタインデーの主役の座を射止めるには長い長い道のりを越えねばなりません。

バラと花言葉

　フランスの歌手マルセル・ムルージは、「忘れな草とバラ。何かを語りかけてくる花」と歌っています（レイモン・アソ作詞、クロード・ヴァレリー作曲、『ヒナゲシのように』）。確かに、バラには何だか多くのことが秘められていそうです。きっと忘れな草よりも……。

　バラは花言葉の多さでも群を抜いています。1811年に出版されたB.ドラシュネ著『植物入門』は、花言葉を扱った草分け的な書。1818年にはシャルロット・ド・ラ・トゥールが研究を受け継ぎ、『花言葉』を出版して、国内外で大変な成功を収めました。以降、花言葉については数多くの書が刊行されてきましたが、現在一般的に使われている花言葉は省略形で、商業的な意図を感じさせるものもあります。

　一般的にまず重視されるのは、色が持つ意味。赤は情熱、黄は不実、ピンクは思いやり、薄紫はノスタルジー、黒に近い深紅は愛の終わりを意味します。同時に品種も重要で、野生種のバラは詩情、モス・ローズは移ろいやすい美、白バラのつぼみは意中の人、ポンポン咲きのバラは優しさを表しています。

　1830年に刊行されたアンドレ・マルタンの著書では、ケンティフォリア・ローズは優美さを、白バラは静謐を、「キャトル・セゾン」は変わることのないみずみずしい美を表すとされています。

バラとバレンタインデー

　その昔、プロヴァンス地方の若者は、愛する女性の家の扉にバラの花束を飾って愛を告白していました。けれどもなぜ、数ある花の中でもバラが愛の花とされるのでしょう。古来、ヴィーナスを象徴する花だから、結婚式の花冠に使われていたから、気品と美を兼ね備えているから、官能性を感じさせるから、などが考えられます。

　2月14日のバレンタインデーに贈られる花としても群を抜いていて、とりわけ情熱や誠実を表す赤バラ、続いて純潔の象徴である白バラが人気です。同じ本数の赤バラと白バラで作ったブーケは、「完璧な調和」のシンボル。

　また、贈る本数によっても意味が変わってきます。1輪なら一目ぼれ、2輪なら「許して」とか「君を愛している」、9輪なら「2人の愛は永遠」。プロポーズには12本のバラ。すべてを超越した永遠の愛を表したいなら、お金に糸目をつけず（そして相手に数えてもらえることを期待して）、101本のバラを贈りましょう。

マジック・ローズ

　バラの魔力（13ページ参照）とバラ魔術は別ものです。バラ魔術とは好意的な願いを扱う白魔術の系統で、愛に関する事柄（どうしたら愛されるか、愛され続けられるか）に効力を発揮します。

　ヴィーナスとの縁が深いバラは、当然ながらこの魔術でも重要な要素です。情熱の象徴である赤バラは、媚薬としても、また儀式においても多用されますし、赤バラを1輪贈ることで、魔法をかけることもできます。ろうそくに相手の名前を記し、その炎で3枚の乾燥した花びらを、愛の言葉をつぶやきながら燃やせばより効果大。

　いにしえの迷信では、子どもがすやすやと眠ることができるよう、虫に刺されたバラの茎にできる小さなコブ（虫コブ）を枕下に置いていました。また、庭に植えたバラの木は妖精を呼び寄せるとか、野生種のバラの生け垣は幽霊の侵入を食い止めるとも信じられていました。

　もし2人の人の間で揺れているなら、バラの葉を2枚摘んで、それぞれに相手の名前を記します。それを並べて、長もちした葉に書かれた名の人がお似合いの相手ということになります。

ローザ・ミスティカ

　かぐわしい香りのバラ。棘のないバラ。キリスト教初期から、聖母マリアはバラと結びつけて考えられてきました。バラは花の中でも最高に美しい花、マリアはイエスの母になるべく選ばれた最上の女性だからです。

　棘は原罪や人間の堕落の象徴であるのに対し、聖母は罪のない人間。バラの木自体はイエスがかぶらされた茨の冠を表しますが、バラの花冠（白あるいは赤）は汚れなき魂、無原罪を象徴しています。無原罪の御宿り（マリアは神の恵みにより、生まれたときから原罪を背負っていないとする教義）の概念とも関連する象徴です。

　バラは地上の楽園、エデンの園の象徴でもあります。「ローザ・ミスティカ（奇しきバラ）」とは、非常に古くから伝わる聖母マリアの連祷にも出てくる言葉で、聖母マリア本人を指しています。

　さらに言えば、旧約聖書の『雅歌』の一節に「我が妹、我が花嫁は閉じた園」とあるように、マリア自身が閉じた庭園でもあるのです（『雅歌』で謳われている乙女がマリアを指すという説は、12-13世紀以降のもの。マリアと閉じた園、庭園とは深い象徴関係にある）。

　こうした象徴は、数々の文学作品にインスピレーションを与え、バラの園にたたずむ聖母を描いた絵画を生み出してきました。例えばボッティチェッリの『バラ園の聖母』（1469年）では八重咲きのバラが、マルティン・ショーンガウアーの『バラの聖母』（1473年）では格子に這う、中央が黄色の半八重咲きの赤バラが描かれています。

Seigneur à qui donc
irions nous? Seul vous
avez les paroles de la
vie éternelle. Seul vous
avez pu créer ce remède
divin de l'Eucharistie.

バラの病気

　前期ロマン派の画家であり詩人でもあったウィリアム・ブレイクは、「おお、バラよ。お前は苦しんでいる。目には見えない寄生虫が、(中略)赤紫色の喜びをもたらすお前を食い物にしている。虫のひそかな暗い愛が、お前の命をむしばむ」と詠んでいます。

　命と美が力強く輝く陰で老いと死を感じさせる寄生虫は、奇妙な悲しみを背負った存在です。この詩の寄生虫が何かはわかりませんが、ゾウムシか蝶の幼虫(ヤガ)だったのかもしれません。

　けれども、寄生虫や病気は予防が可能です。ポイントは品種選び。バラ専門の苗木屋なら丈夫なバラの木のリストが用意されているでしょうから、参考にしましょう。特定の耐性(例えば黒斑への耐性)を持った栽培変種リストが用意されている場合もあります。

　ADR賞を受賞したバラなら、間違いはないでしょう。ADRはドイツの認証制度で取得が難しいのですが、信頼性が高く、病気や寄生虫や寒さに強い品種を選んで紹介しています。もちろん、適切な環境を整えることも大切。特に日当たりがよく、水はけのよい土壌は必須条件です。

ローズ・ダムール(愛のバラ)

　愛のバラ。美しい響きの名の裏には、ややこしい背景が隠されています。

　この絵を描いたベルギーの画家であり、植物学者でもあるピエール＝ジョゼフ・ルドゥーテ(1759-1840年)は、英語から来た「ターネップ・ローズ」という名を記していますが、これは正しくはターニップ、すなわちカブとかコールラビ(アブラナ科の植物で、カブのような茎部を食す)を意味しています。大地を思わせる名称で、同じく絵に記載されているロサ・ラーパ*Rosa rapa*はこの俗称のラテン語訳です。

　なぜコールラビなのでしょう？　その匂いでしょうか？　いえいえ、このバラは香り高いはずです。込み入った事情はともかく、花自体には世に知られ、愛され、栽培されてしかるべき価値があります。

　実はローズ・ダムールは、ロサ・ヴァージニアナ(*Rosa virginiana f. plena*)と呼ばれる東部アメリカ原産の八重咲きの野生種のバラの一形態なのです。丈夫で耐性があり、明るいピンクの花を咲かせ、たくさんの実がなります。1.5メートル以下と小ぶりながらたくましく、たくさんの若芽をつけます。葉は春先には赤紫がかっていますが、夏になると濃い緑色になり、秋には赤っぽく染まります。栽培用としてはさほど普及していませんが、八重咲きで、中央部分が濃い色の繊細なピンクの花を惜しげもなく咲かせ、心地よい香りを漂わせます。

Rosa Rapa.

Rosier Turneps.

プロヴァン・ローズ

　伝説では、1240年に十字軍遠征から帰還したシャンパーニュ伯(ティボー4世1201〜1253年)が、シリアのダマスカスから兜に入れて持ち帰ったのがプロヴァン・ローズの始まりとされています。フランス王妃ブランシュ・ド・カスティーユに恋していたティボー公は、彼女に宮廷風の愛を謳った詩を捧げ、ブドウの品種シャルドネや、多くの者たちがしたようにキリストの十字架の一部を持ち帰ったとも言われています。

　実際のところ、プロヴァン・ローズはダマスカスから来たわけではなく、フランス産のガリカ・ローズ(*Rosa gallica*)の自然変種であり、土着の灌木ロサ・ガリカ・オフィシナリス(*Rosa gallica officinalis*)に属します。プロヴァンはパリの南東にある町(現在のセーヌ＝エ＝マルヌ県)で、バラの大きな恩恵を受けました。

　17〜18世紀の薬剤師たちはバラを用いて数々の薬を作り、とりわけシロップや煎じ薬は、三日熱をはじめとする様々な症状に効くとされていました。また、「長期保存用液体バラ」なるバラ水や「乾燥バラ」も売られていて、後者はドライフラワーとしてクッションや枕の詰め物に使われていました。プロヴァン・ローズのビジネスは19世紀初めにすたれましたが、灌木は今も変わることなく、香り高い深紅の八重咲きの花を咲かせています。

Rose de Provins
Rosa Gallica L.

ブルボン・ローズ

　ブルボンと言ってもブルボン王朝へのオマージュではなく、1793年までブルボン島と呼ばれた現在のレユニオン島から来ています。

　1817年、島の植物園の園長ブレオンは、サン・ブノワの町の生け垣に、明らかにほかとは「違う」バラを見つけました。これを繁殖させ、1819年にパリ近郊ヌィでオルレアン公爵の庭師長を務めていたアンリ・アントワーヌ・ジャックに送ったところ、数年後に広く普及しました。ダマスク・ローズとロサ・キネンシスの自然交配種であり、1825年にはサン・ドニの苗木家ジャン＝ピエール・ヴィベールがブルボン・ローズの交配種としては初めての「グロワール・デ・ロゾマン（バラ愛好者たちの栄光）」を発表しました。以降、19世紀を通して、美しい交配種の系統が次々と生み出されることになります。

　ブルボン・ローズ（*Rosa x borboniana*）は、通常とてもふっくらとした花を咲かせる生け垣で、半八重咲きの場合もあり、丸みのあるカップ咲きで、強い香りがします。中でももっとも有名なのが、淡いピンクの大ぶりな花を咲かせる「スヴェニール・ド・ラ・マルメゾン」（1843年）で、皇后ジョゼフィーヌのバラ園へのオマージュとして名づけられました。

　豪華さという点では、「マダム・イザーク・ペレール」（1881年）の右に出るものはないでしょう。葉が豊かなつるバラで、濃いピンクの大輪の花を咲かせます。クォーターロゼット咲きで強い香りを漂わせ、秋に返り咲きます。

※レユニオン島でブレオンが発見し、命名した最初の品種は「ローズ・エデュアール」。このバラを起源に生まれた品種群をブルボン系統と言います。

Rosa Borboniana

Bourbon - Rose

シナモン・ローズ

　ヨーロッパ土着のバラの同定には、多くの混乱がつきまといました。学名が、国や時代によって違っていたためです。シナモン・ローズも同様で、スウェーデンの植物学者リンネはロサ・シナモメア（*Rosa cinnamomea*）と名づけたのですが、同じ学名をほかのバラにもつけてしまいました。

　シナモン・ローズはロサ・ペンデュリナ（*Rosa pendulina*）とか、長年にわたりロサ・マジャリス（*Rosa majalis*）とも呼ばれていました。後者は「5月のバラ」を意味します。春に咲くことがその理由で、イースター・ローズとも呼ばれています。

　この花を最初に記述したのは、イギリスの植物学者ジョン・ジェラード。1597年のことです。中央、東ヨーロッパからアジアの広域、シベリアにまで生息し、日当たりがよく石ころだらけの斜面に咲きます。丈夫で、高さは2メートル、細い枝にはたくさんの棘があります。5枚の花びらからなる一重咲きの花は、直径5センチで深紅。

　けれども、シナモンという名称はどこから来ているのでしょう。イギリスのフードライター、エドワード・バンヤード（1878-1939年）は、「この花の香りをシナモンに重ねる者は少ないだろう。しかし、成木の茎の色がシナモンのような茶色なので、それが理由かもしれない」と述べています。国際的な学会がロサ・シナモメアを正式学名に定めたのは、ようやく2006年になってからのことです。

※日本では「ロサ・シナモメア」とその枝替わりと推定される花弁の多い「ロサ・シナモメア・プレナ」が流通。シナモンの香りはなく、ひこばえ（サッカー）をたくさん伸ばし、耐寒性に優れています。

ROSIER CANNELLE
Rosa majalis J. Herrm.

ケンティフォリア・ローズ

　フランス語で「100枚の葉を持つバラ」を意味するこのバラの葉を数えてみれば、ゆうに100枚以上はあることでしょう。けれども実は、ここで言う「葉」とは「花びら」を指しているのです。これこそがケンティフォリア・ローズの特徴で、八重咲きでたくさんの花びらをつけるこの花は、多くの交配種を生み出し、バラの歴史において重要な役割を担ってきました。

　その起源ははっきりせず、17世紀には「ケンティフォリア」と呼ばれていたバラが数種存在していましたが、いわゆる「ケンティフォリア・ローズ」の名で知られるバラが登場したのは、18世紀と考えられています。おそらくオランダで生まれたであろう交配種で、「オランダ・ローズ」とか「キャベッジ・ローズ」と呼ばれ、広く普及し、1753年に植物学者リンネによりロサ・ケンティフォリア（*Rosa x centifolia*）と命名されました。

　棘のある灌木で、灰色がかった葉はやや垂れています。丸みのあるピンクの花は量感たっぷりで、茎から垂れ下がるように咲き、甘く繊細な香りを漂わせます。数多くの品種がありますが、クリーム色の花を咲かせる「ユニーク」は、イギリスの庭園で偶然見つかった自然変種で、18世紀後半から19世紀全般にかけて大変な人気となりました。

※女流作家エリザベート・ヴィジュ＝ルブランが描いたマリー・アントワネットの肖像画で、王妃が手に持つ1輪のバラがこのバラだと言われています。

Rosa centifolia   *Rosier à cent feuilles*

セルシアーナ

　「ベル・クーロンヌ（美しき冠）」、「ラ・コケット（あだっぽい女性）」、「ラボンダンス（豊穣）」などの栽培変種を生み出してきた花で、花の色が時間と共にピンクから白に変わることから「ロジエ・シャンジャン（移ろいやすいバラ）」とも呼ばれています。

　ダマスク・ローズ（*Rosa x damascena*）に属する品種で、ヨーロッパでは何世紀にもわたって栽培されてきました。起源についてはほとんどわかっていませんが、シリア原産ではないことは確かで、遺伝子分析によると、中央アジアで出現した自然交配種の可能性が濃いようです。

　ところで、なぜ「ダマスク」と呼ばれるのでしょうか。十字軍参加者によって持ち帰られたとする説、昔は繊細で淡いバラ色を指して「ダマスク・ローズ」と呼んでいたという説などがあります。

　ルドゥーテが描くセルシアーナは、18世紀末にパリ近郊モンルージュに住む園芸家マルタン・セルによりオランダからフランスに紹介されました。オランダでは少なくとも17世紀半ばには栽培が始まっていたようです。高さ1.5メートルの美しい灌木で、どっしりとバランスがよく、葉は明るい緑色、半八重咲きでカップ型の花をたくさん咲かせます。その姿は優美と言うほかなく、かすかに心地よい香りが感じられます。ダマスク・ローズ全般に言えることですが、開花は春終わり頃で、「ロサ・ダマスケナ・ビフェラ（別名オータム・ダマスク）」以外は返り咲きしません。

※セルシアーナはオランダで誕生し、フランスにこのバラを導入したセルにちなんで命名されたダマスク・ローズ。

Rosa Damascena Celsiana.   *Rosier de Cels*

フランクフルト・ローズ

　19世紀中頃、文人ゲーテはフランクフルトの自宅の庭でバラを育てていましたが、それは果たしてフランクフルト・ローズだったのでしょうか。フランクフルト・ローズは丈夫な鑑賞用灌木で、18世紀にはドイツに普及していたようで、ブドウ畑で栽培されていたと言われています。

　フランスの博物学者N.ジョワクレールが1798年に出版した自然史についての著作に出てくる「太ったバラと呼ばれている」という記述は、駒のような円錐型の花の形から来ているのかもしれません。事実、長い間、ロサ・トゥルビナータ（*Rosa turbinata*・タービン＝駒）と呼ばれていました。

　現在の学名はロサ・フランコフルターナ（*Rosa x francofurtana*）。19世紀初期に広く栽培されていたフランスのロサ・ガリカ（*Rosa gallica*）と、ロサ・シナモメア（*Rosa cinnamomea*）の交配種ではないかと考えられています。葉が生い茂る頑強な灌木で、棘はほとんどなく、葉にはうねるような凹凸があります。濃いピンクの半八重咲きの花をたくさん咲かせますが返り咲きはせず、ガリカ・ローズの交配種の割に香りはほとんどしません。

　ただ、ルドゥーテが描いたのは、「エンプレス・ジョゼフィーヌ（ジョゼフィーヌ皇后）」と呼ばれる品種だった可能性があります。よりたっぷりとした量感で、美しいピンク色、小さくまとまって咲くのが特徴です。

※「エンプレス・ジョゼフィーヌ」は、別名フランコフルターナ、フランクフルト・ローズ、アガサ・ローズとも呼ばれ、一般にはガリカ系に分類され、一季咲きで大変美しい花を咲かせます。

Rosa Turbinata. *Rosier de Francfort.*

木香バラ

　苗木を育成するナーサリーはヨーロッパの発明ではありません。中国にはずっと昔から存在し、すでに19世紀初め頃には広東省の広州花地苗圃（Fa Tee園）が盛況をきわめていました。

　1807年、スコットランドの園芸家兼植物学者ウィリアム・カーは、このナーサリーで珍しいバラ（白い八重咲きの木香バラ）を購入し、イギリスの高名な博物学者兼キューガーデン（王立植物園）責任者で、この植物蒐集探検を組織したジョゼフ・バンクスの妻の名をつけ、「レディ・バンクス・ローズ」とヨーロッパに紹介しました。

　野生種ロサ・バンクシアエ・ノルマリス（*Rosa banksiae normalis*）は中国山岳地帯に生息する植物で、つる性で非常に頑健です。5〜6メートルほどの高さですが、それ以上に達することもあり、棘が少なく、（少なくとも原産地では）葉が生い茂ります。直径3センチほどの花が枝のあちこちに量感のある房となって、抱えきれないほどたくさん咲きます。

　栽培変種により黄色と白があり、白（Alba Plena）はスミレのような心地よい香りですが、黄色（*Lutea*）には匂いはあまりありません。寒さを嫌い、フランスで確実に咲くのは冬が温暖な地域のみです。イギリス人としてカンヌの町のすばらしさを母国に伝えたヘンリー・ブルーム卿（1778–1868年）は、コート・ダジュールでこの花に出会い、「花火から降る黄金の雨」と表現しています。

※ほかのバラより一足早く開花し、日当たりのよい場所で咲き誇ります。黄色の一重咲きの「ロサ・バンクシアエ・ルテスケンス」は、白の一重咲きや八重咲きと同様に香りが強く、黄色の八重咲きのルテアのみ微香のようです。

Rosier de Bancks var. *à fleurs jaunes*.

ガリカ・ローズ

　「ロジエ・ド・フランス(フレンチ・ローズ)」とも呼ばれるガリカ・ローズは、スウェーデンの植物学者リンネにより学名 *Rosa gallica* とつけられました。

　フランスでは、南東部で見られるもののそれほど一般的ではなく、中央・南ヨーロッパが原産と考えられます。主に薬用として中世の修道院で、またフランスの地方領主や国王の庭園でも広く栽培され、深い歴史的意義を持つ花でもあります。

　絢爛な花とは対照的に、葉は地味で純朴。自然で自由なスタイルの庭にはぴったりです。1.5から2メートルとほどほどの高さですが、灌木自体は横に広がるように伸びます。茎には棘があり、葉はしっかりとしていて、光沢のない深緑。花はピンクや赤で、一重咲きの5枚の花びらからは香りが漂ってきます。形態は様々で、「薬剤師のバラ」とも呼ばれていたプロヴァン・ローズもガリカ・ローズですし、ルドゥーテがローズ・ダムールとして描いたバラも同様です。皇后ジョゼフィーヌはマルメゾンで非常に多くの品種のバラを収集していて、中にはこうした非常に美しいオールドローズもありましたが、多くの場合半八重咲きあるいは八重咲きで、返り咲きはしません。

※ガリカ・ローズとは「ロサ・ガリカ」を起源とする、最も古くからある品種群で、日本でも人気はありますが自生していません。

Rosa Pumila.   *Rosier d'Amour.*

ドッグ・ローズ

　花が好き、という犬がいてもおかしくはないでしょう。ただし、それがドッグ・ローズ(*Rosa canina*)の名の由来というわけではありません。

　古代、この野生種のバラになる赤く輝く実(ギリシャ語ではドッグ・ローズを意味するcynorrhodon)が、狂犬病に効くと言われていたことから来ています。たくさんの鋭い棘のある灌木で、5枚あるいは7枚の小葉は季節と共に落葉します。3メートルの高さに達するものもあり、春の終わりから夏にかけて、白あるいはピンクの一重咲きの花を咲かせます。花びらは5枚で、花の直径は4センチ。たっぷりとした黄色いおしべからは、ほのかな香りが漂います。

　非常に丈夫で、森のはずれ、急斜面、生け垣などに生息しています。フランスのみならず、ヨーロッパや西アジア、北アフリカに分布していますが、地域によっては薬用として実を収穫するために植えられたのかもしれません。花は蜜をたっぷり含んでいて、庭ではおなじみの存在でもあります。いくつかの栽培変種があり、サクランボ色の半八重咲きの花(散房花序に分類)を咲かせる「キーゼ」は、生け垣として外からの視線を防ぐのに最適です。

※ドッグ・ローズは、品種名「ロサ・カニナ」(野生種)で、日本でもローズヒップを目的に植栽する人もいます。

343. *Rosa canina* L.

ロサ・アルヴェンシス

　野原のバラ(*Rosa arvensis*)という名は、必ずしも事実を表してはいません。と言うのも、この野生種のバラは道端や灌木の中、森のはずれや空き地などに咲いているからです。ヨーロッパ広域、フランスではほぼ各地に咲いていますが、人目を引くことは稀です。

　地味な花で、高さ1メートルと低く、横へと伸び(そのため「這うバラ」とも呼ばれています)、光沢のない葉は時期が来ると落葉し、春に開花する花は白(稀にピンク)の一重咲きです。花の中央には黄色いおしべがところ狭しと並び、光沢のある赤い実でジャムを作ることもできます。

　地味ながらも18世紀までは庭園で栽培されており、それなりに名誉ある扱いを受けてきました。例えば、シェークスピアの『真夏の夜の夢』に出てくる「麝香の香りを持つ甘美なバラ」は、この花を指している可能性があります。

　ロサ・アルヴェンシスからはいくつかの交配種が生まれており、エアシャー系(エアシャーはスコットランドの村の名前)をはじめとするつる性のバラなどがあります。エアシャー系の中でも広く知られているのが「エアシャー・スプレンデンス」で、ミルラの香りと5メートルにも達する丈夫なつるを備えており、つぼみのときは紫色に近く、開花するとシルバーホワイトで八重咲きです。縁がピンクや赤いものもあります。

※日本ではあまり普及していない品種です。バラ園などの歴史コーナーに植栽されていることがあります。

モス・ローズ

　自然の気まぐれが作り出した花です。正確には変種であり、植物学者はこれをバラの「突然変異体」と呼んでいます。花の萼（がく）や花梗のところに生えるたくさんの繊毛が苔のような趣のシルエットで、樟脳を思わせる匂いが特徴です。

　ルーツについては専門家の間でも意見が分かれ、その歴史も苔のようにぼんやりとしています。17世紀末ないしは18世紀初め頃にフランスあるいはイギリスで確認されたようですが、複数地域で同様の変異が複数回起こった可能性もあります。最初の変異は、ケンティフォリア・ローズで起こったと考えられ、苔の部分は緑色です。そのほかのダマスク・ローズにおける変異では、苔は茶色です。

　19世紀には多くの交配種が生まれ、その多くがケンティフォリア・ローズに近く、香りを持った大輪の花を咲かせます。名の知られている栽培変種の一つ、「シャポー・ド・ナポレオン（ナポレオンの帽子）」は、明るいピンクの花で匂いがあります。たくさんの緑色の苔がつぼみを取り巻き、確かにナポレオンの帽子のよう。数々のすばらしいモス・ローズの系統を世に出したフランスの育種家ジャン＝ピエール・ヴィベールにより、1824年に作出されました。

※この系統のバラは、オールドローズが好きな人にとってはコレクションに加えたいバラとして人気があります。

Rosa muscosa multiplex *Rosier mousseux à fleurs doubles*

ノワゼット・ローズ

　ノワゼット、すなわちヘーゼルナッツと言うからには、ナッツの匂いがするのでしょうか？　そうだったらユニークで愉快でしょうが、実際にはこの名称は、パリのフォブール・サン・ジャック通りで苗木屋を営んでいたルイと、アメリカのチャールストンで植物学を研究していたフィリップのノワゼット兄弟から来ています。

　ある日、フィリップは近所に住む園芸愛好家ジョン・チャンプニーからバラの交配種をもらいました。彼は返り咲かないこのバラを返り咲くようにし、パリのルイのもとへ送りました。ルドゥーテが「ロジエ・ド・フィリップ・ノワゼット（フィリップ・ノワゼット・ローズ）」として描いているのはこの花で、1820年代には「ブラッシュ・ノワゼット」がヨーロッパで大流行しました。カップ型の半八重咲きのつるバラで、繊細なピンクの花からクローブを思わせる香りが漂ってきます。

　ノワゼット系統には、灌木型あるいはつる型の優れた交配種が多くあり、茎は頑丈で、葉は柔らかな緑色、心地よい香りのする花が房状にたくさん咲き乱れます。ここからさらにティー・ノワゼットと呼ばれる交配種が生まれますが、中でももっとも有名なのが、「グロワール・ド・ディジョン（ディジョンの栄光）」でしょう。ピエール・ジャコトにより1853年に作出された返り咲きするつるバラで、八重咲き。明るい黄色からアプリコットのような黄色、ピンクへと色が変わります。

※ノワゼット・ローズの最初の品種は1811年作出の「チャンプニーズ・ピンク・クラスター」。このバラの実生が「ブラッシュ・ノワゼット」です。日本でも育てやすい系統です。

ティー・ローズ

　19世紀初め、東インド会社に勤務するロンドン出身のジョン・リーヴスは、中国の広東省に駐在してイギリスへお茶を輸出していました。植物蒐集が趣味の彼は、1808年にガーデン愛好家アレクサンダー・ヒューム卿にあるバラの木を送り、卿はこれをコルヴィル・ナーサリーに託しました。この花はお茶のような、さらに言えばウーロン茶のような芳香がするため、ロサ・オドラータ（*Rosa odorata*）、すなわち「香り高いバラ」と名づけられ、のちに「ヒュームズ・ブラッシュ・ティー・センティッド・チャイナ」と呼ばれるようになります。

　当時としてはきわめて珍しいことに、四季咲きで香りが高いという2つの突出した特徴を兼ね備えていました。しかし、バラ愛好家の間からは、「本当にお茶の香りがするのか」という議論が持ち上がりました。もしかすると、中国からイギリスまでお茶の箱に入れられて運ばれた花だけがそうした匂いだったのかもしれませんが、はっきりしたことはわかりません。

　いずれにせよ大変な人気を博し、交配によって名高いティー・ローズ（バラ愛好家は単に「ティー」と呼ぶ場合も）の系統が生まれます。大輪の花は香り高く、気候が適しているリヨンの町では盛んに作出が行われました。

※「ヒュームズ・ブラッシュ・ティー・センティッド・チャイナ」に続いて1824年、「パークス・イエロー・センティッド・チャイナ」が中国からヨーロッパに渡りました。日本でも育てやすい系統です。

Bengale Thé hyménée

ロサ・ルビギノーサ

　葉が香るという特徴を持った野性種のバラです。確かに軽く葉をこすると、青リンゴの香りが感じられます。

　18世紀イギリスの植物学者フィリップ・ミラーは、イギリスの庭園では「その葉の香り高さゆえに」栽培されており、「春、特に通り雨のあとに芳香を放つ」と記しています。「リンゴの香りのするバラ」、「香る野バラ」、「赤野バラ」とも呼ばれていますが、「錆びたようなバラ」を意味する「ロサ・ルビギノーサ（Rosa rubiginosa）」の学名がつきました。

　棘が多く、やや垂れ下がったような姿で、花は大ぶりではありませんが、明るいピンクでかわいらしく、中央は白、おしべは黄色です。フランス各地、ヨーロッパの大部分に咲いています。長いことヨーロッパ大陸のみに生息していましたが、19世紀になると羽が伸びたかのように分布地を広げます。ドイツやオーストリアの移民によってアルゼンチンやチリに持ち込まれ、生け垣として活躍し、さらに田園地帯やパンパス（大草原）へと広がり、ついには侵略的外来種と見なされるまでになりました。

　チリでは、エッセンシャルオイル用に収穫され、ヨーロッパへと輸出されています。近年ではオーストラリアやニュージーランドにも広がるなど、開拓者を思わせる野生種です。

※野生種のバラの品種名で、「ロサ・エグランテリア」「スイート・ブライヤー」の名でも知られ、可憐な花姿は日本でも人気です。

Rosier Églantier · *Rosa rubiginosa* L.

ロサ・ピンピネリフォリア

　1960年代のフランスでは、テレビシリーズ「おやすみなさい、子どもたち」が大変な人気を博し、マリオネットの少女パンプルネルの名は一躍世に知られるようなりました。

　かわいらしい響きのこの名は、バラ科の植物ワレモコウのフランス語名でもあります。ヨーロッパ原産の多年生植物で、キュウリのような味のぎざぎざの小葉はサラダとしても食べられ、赤みがかった花は丸い穂の形をしています。ロサ・ピンピネリフォリアの名は、このワレモコウ（すなわちパンプルネル）に由来します。2つの花は、葉の形が相似しているためです。

　ロサ・ピンピネリフォリアは小ぶり、ときにはかなり低い灌木の地下茎で、春には一重咲きの花が開きます。純白の花びらの中央には、たくさんの黄色いおしべが見えます。カシスのような丸くて黒光りのする実も特徴的で、デコレーションに活躍します。

　別名スコッチ・ローズとも呼ばれ、18世紀末には初めてのバラの人工交配に使われました。同時期、リンネが同定したロサ・スピノッシシマ（*Rosa spinosissima*）は、実際にはロサ・ピンピネリフォリアと同じ花です。ロサ・スピノッシシマは「棘だらけのバラ」を意味しますが、確かに茎には棘と軟毛がびっしりと生えています。いくつかの自然変種や栽培変種があり、とりわけ黄色やピンクが知られています。また交配種も多く存在します。

※このバラの自生地はスコットランドの海岸やアルプスの山々ですので、日本でも寒冷地での栽培が適しています。

Rosa Pimpinellifolia

Bibernellrosen Hybride

ロサ・ケンティフォリア・ブラータ

　ケンティフォリア・ローズ（ケンティフォリアは「100枚の葉」を意味しますが、実際のところ「100枚の花びら」と呼ぶべきでしょう）は、18世紀以降栽培され、19世紀には大変な人気を博しました。多くの交配種の作出に用いられるとともに、自然界に自発的に表れる自然交配種をも生み出した花です。

　特に育種家のナーサリーでは、世界中の種や品種が集められミツバチが授粉するため、この現象が顕著でした。1850年頃には数百に上る品種が存在しましたが、そのほとんどが5月から6月にかけて一度しか開花しないため、現在は消滅してしまいました。

　そんな中、ロサ・ケンティフォリア・ブラータ（*Rosa x centifolia 'Bullata'*）は例外的に生き残った花で、19世紀初めに普及し、ジョゼフィーヌのマルメゾン・コレクションにも収められています。

　葉の生い茂る灌木で、花はケンティフォリア・ローズ同様強い香りを持ち、八重咲きで、つぼみは赤みがかったピンクながら開花すると柔らかなピンク色。葉の幅が広く、ウェーブして曲線を描いているのが他のケンティフォリア・ローズとの違いで、確かに「レタスバラ」というフランス語名にもうなずけます。

　現存しない近種としては、「ロジエ・ア・フイユ・ド・セルリ（セロリバラ・*Rosa Centifolia Bipinnata*）」や「ロジエ・ア・フイユ・ド・シェーヌ・ヴェール（グリーンレタスバラ・*Rosa Centifolia Ilicifolia*）」が挙げられます。

※ケンティフォリア系のバラの中でも、葉に縮れたようなウェーブがあるのが特徴の、珍しい品種です。

ロサ・グラウカ

この野生種のバラの学名は、かつて「赤い葉のバラ」を意味するロサ・ルブリフォリア(Rosa rubrifolia)でしたが、新たにロサ・グラウカ(Rosa glauca、すなわちグレーがかった緑のバラ)と命名されました。確かに葉の色は青味とグレーがかった緑で、白粉(ブドウに見られるロウのような膜)に覆われています。この葉の色がロサ・グラウカの大きな特徴です。

一方、つぼみや茎や少し湾曲した棘や葉の裏の葉脈は紫がかった赤で、日当たりのよいところで育てれば、葉も同じ色になります。中央・南ヨーロッパの山岳地帯が原産で、アルプスやピレネー山脈に生息しています。

均整のとれた灌木で、茂みは高さ幅とも1.5メートルほど。春の終わりにたくさんの花を咲かせ、細長い花びらからはかすかな香りが感じられます。ミツバチをはじめとする虫を引き寄せますが、非常にしっかりとした丈夫な品種です。低い生け垣にはぴったりのバラで、晩秋には輝くような濃い赤い実をたくさんつけ、デコレーションにも活躍します。種はしばしば自然に撒き散らされます。

※寒冷地向きのバラで、グレーがかった葉が庭のアクセントになり、人気があります。

ROSIER À FEUILLES ROUGES
Rosa rubrifolia VILL.

マレシャル・ニール・ローズ

　バラが熱狂を巻き起こした19世紀末、このマレシャル・ニール・ローズは桁外れな人気となり、フランスやイギリスでは圧倒的な販売・栽培数を誇っていました。イギリスでは、ジェントリーと呼ばれる上流階級の冷温室で広く栽培されていましたが、確かにどこかヴィクトリア朝的な雰囲気があります。

　大ぶりで、完璧なまでに整った花は重量感たっぷりでやや垂れ下がっていて、ティー・ローズらしい繊細かつ力強い香りを放っています。つる性で丈夫さは平均的。色はかすかにブロンズがかった豊かなゴールドイエローです。作出者は不明（アンリ＆ジロー・プラデルという説もあり）ですが、数々の品種を生み出したパリの高名なバラ専門育種家ウジェーヌ・ヴェルディエ（1828-1902年）が1864年にパリ園芸中央協会主催のコンクールに出品し、受賞したことはわかっています。ナポレオン3世のもとで戦争大臣を務めた好戦的なアドルフ・ニール元帥（1802-1869年）に捧げられ、第一次世界大戦まで流行が続き、現在でもオールドローズとして販売されています。頑健さはほどほどなものの、庭に植えたいバラの一つです。

※ノワゼット系にも分類されることがありますが、剣弁の花弁と甘いティーの香りといったティー系の特徴が際立っています。日本では、明治時代に「大山吹」の和名で流通しました。

ラ・フランス

　1867年、リヨンの著名なバラ専門育種家ギヨー・フィスことジャン＝バティスト・ギヨーは、パリ万国博覧会にあるバラを出品します。
　「私が出品したこの14本のバラは、それぞれ直径14〜15センチほどの大きさだった。残念なことに、予定よりも2日遅れて審査されたため、バラは枯れたり色艶が衰えたりして、審査員は私の花に賞を授与できなかった。その埋め合わせとして、私の出品作全体に対して銅メダルが授与された」と彼は後述しています。
　しかしその後間もなく、国を代表するバラを選出するコンクールで優勝したため、「ラ・フランス」という名誉ある名前がつけられたのです。春から秋に何度も返り咲く美しく大ぶりなこの栽培変種は、空前の人気となりました。当時のギヨーは、ハイブリッド・ティーの系統の初代となるこのバラの親を知りませんでしたが、現在ではハイブリッド・パーペチュアル（返り咲き）の「マダム・ヴィクトール・ヴェルディエ」と、八重咲きの大輪のバラ（「マダム・ブラヴィ」か「マダム・ファルコ」）だと考えられています。モダンローズ第1号とされる「ラ・フランス」は、ホワイトシルバーがかった大輪の花（ギヨーの言葉を借りれば、「ライラックピンクで八重咲き」）で、強い香りを放ちます。

※モダンローズ第1号となったこのバラは、大輪と濃厚なダマスク香を片親のハイブリッド・パーペチュアル・ローズから、剣弁の花弁と四季咲き性、爽やかなティーの香りをもう片方の親であるティー・ローズから受け継ぎました。

LA ROSE (LA FRANCE)

ハマナス

　フランス語では「デコボコとしたバラ」を意味する「ロジエ・ルグー」ですが、学名である「ロサ・ルゴサ」の*rugosa*はラテン語で「ひだのある」を意味します。確かに、葉（小葉）にははっきりとした葉脈が通っており、ひだのように見えます。

　このバラを日本で見つけ、ヨーロッパへ持ち帰ったのは、スウェーデン人カール・ペーテル・ツンベルク。ウプサラ大学でリンネの弟子だった博物学者です。1.5メートルほどの灌木で、茎にはたくさんの棘があり、葉は爽やかな緑色、一重咲きの花はピンク色（白や赤のことも）で、夏の間次々と咲いたあとに赤い実をつけます。

　返り咲きという珍しい特徴を持つため、交配で重用されました。しばらくの間栽培されていたものの、いつしか忘れ去られ、19世紀末に灌木用植物として再び注目を浴びることになります。1899年、チューリッヒに住む植物学者オットー・フローベルが、交配種「コンラッド・フェルディナンド・マイヤー」を発表したのです。八重咲きの明るいピンクグレーの花は非常に香りが強く、カップ咲きで、灌木としても美しく、大変な人気に。その後もたくさんの美しい品種が生み出されました。

　ハマナスもその交配種も非常に丈夫な灌木で、土壌を選ばず、波しぶきや塩分にさえ負けません。道路沿いに生息できるのも、こうした丈夫さゆえです。

※日本では北海道の海岸や鳥取県の砂地などで自生する姿を見かけます。寒冷地でも育つバラの品種改良に貢献しました。

Rosa Kamtschatica *Rosier du Kamtschatka*

マルメゾンのバラ

　1799年、ジョゼフィーヌ・ド・ボーアルネはパリ郊外マルメゾンに土地を購入します。夫ナポレオン・ボナパルトが第一執政になったため、36歳だったジョゼフィーヌのもとにも邸宅や庭園整備用の資金が入ってきました。1804年にナポレオンが皇帝に即位すると、さらに手元が豊かになります。

　ロマン派の影響により自然への感傷が流行した当時、ジョゼフィーヌも植物や庭にひとかたならぬ情熱を注ぎ、イギリス式庭園造りのため植物学者や園芸家を集めて、フランスに持ち込まれたばかりの熱帯植物用に温室を作らせました。バラにも興味を抱き、育種家アンドレ・デュポンのアドバイスを受けながら栽培を手がけましたが、本格的なバラ園というより、冷温室で鉢に入れて栽培し、開花期になると外に出していました。

　ジョゼフィーヌの死後、マルメゾンの庭園は数々の変転を経て、20世紀初頭にようやくマルメゾン城が美術館となり、再びバラが栽培されるように。その際大きな活躍をしたのが、パリ郊外にあるライ・バラ園の設立者ジュール・グラヴローです。修復が施され、現在ではフランス第一帝政期から第二帝政期にかけてのすばらしいオールドローズのコレクションが栽培されています。

※ジョゼフィーヌは当時、マルメゾンの庭園に約250種類のバラを集めていたとのことです。

Rosa alba Regalis
Rosier blanc Royal

ライ・バラ園

　設立者ジュール・グラヴローは1844年生まれ。豊かなヒゲをたくわえ、堂々たる風貌です。つましい家庭の出身で、当時アリスティッド・ブシコーにより新装開店されたボン・マルシェ百貨店に売り子として勤め、あっという間に頭角を現し、株主にまでなりました。

　1892年にはパリ南部ライの町に広大な土地を購入し、著名な植物学者兼造園家エドゥアール・アンドレの協力でバラ園を設立し、バラへの情熱を思うままに表現しました。バラについて学ぶ機会を訪問者に提供するとともに、バラの美しさを最大限引き出すという2つの目的を持った新しいタイプのバラ園です。

　ビジネスマンでもあったグラヴローは、「単にお飾り的なバラ園は、頭の空っぽな美女のようなものだ。一時は注目を浴びるだろうが、それを留めておくことはできない」と述べ、「聡明なバラ園」を目指しました。具体的には、毎年テーマを決めて、バラの起源、その歴史、「いかに様々な文明を経てきたか」について紹介しています。

　バラ園は成功を収めて広く知られるようになり、1914年には、ライの町の名称が「ライ・レ・ローズ」に改められたほどです。グラヴローは1916年に没しますが、園は数回にわたり改修され、現在ではヴァル＝ド＝マルヌ県のバラ園として、3500以上もの品種を栽培し、彼の偉業を今に伝えています。

※バラの開花シーズンのライ・バラ園の、幾重にも連なった大きなバラのアーチは圧巻です。

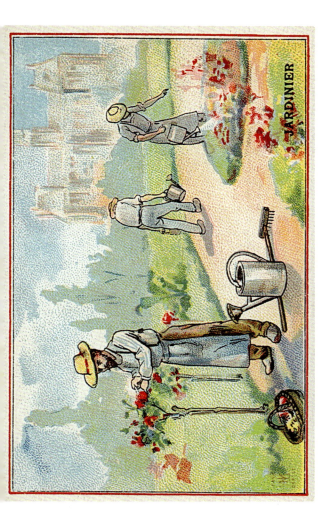

バガテル・バラ園

　パリ西部にあるバガテル公園は、都市の中の田園。花が咲き乱れ、あちこちに木陰があり、心休まるのどかな場所です。アルトワ伯爵が義姉マリー・アントワネットと賭けをして作った「フォリー」と呼ばれる城館、「トリアノン」という名の邸宅、ロマンティックな建築物群。その奥に建つナポレオン3世妃ウジェニー皇后のために作られたあずま屋に上ると、美しいバラ園を一望できます。

　調和のとれた美しさには、ため息をつかずにはいられません。このバラ園を設計したのは、パリ市公園責任者ジャン＝クロード・フォレスティエ。1905年に公園がパリ市によって取得されたときのことです。都市計画や造園を手がけ、植物学者であり、モネや印象派の画家たちとも交流があったフォレスティエは、色彩の調和に重点を置き、全体的なまとまりを模索しました。

　ライ・バラ園設立者ジュール・グラヴローの像が公園の目立つ場所に建っているのは、造園にあたり、彼から多くの苗が寄付されたため。その後1世紀以上にわたりたくさんの品種が公園を彩り、バラが咲き誇る毎年6月には世界的なコンクールが開催され、新品種のバラが出品されます。現在ではローズ・ペイザージュ（景観用の木立のバラ）を専門にした第2バラ園もあり、小ぶりながらも心和む風景が広がっています。

※芝生の中にバラが植栽された、整形式バラ庭園です。

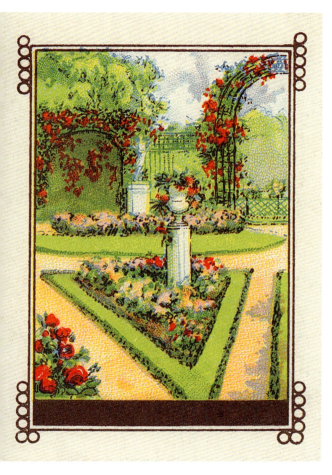

サヴェルヌ・バラ園

　1771年にサヴェルヌの町を訪れた文豪ゲーテは、大のバラ愛好家でした。しかし、サヴェルヌとバラの関係はもっと大きな広がりを持っています。木骨軸組の家、赤い屋根。典型的アルザスの町サヴェルヌは、アルザス地方とヴォージュ山脈をつなぐ峠の麓にあります。

　すべては才能豊かなバラ育種家ルイ・ワルテルから始まりました。19世紀末、ワルテルはバラ愛好家協会を設立し、バラ園の造園を計画します。ドイツの高名なバラ専門育種家ペーター・ランベルトが構想を担当し、緑地や広い並木道、噴水、つるバラ用の金属構造物、かわいらしいあずま屋などを備えた調和のとれた園を設計しました。

　開園後も発展を続け、敷地の拡大と共にコレクションも増加する一方です。現在では、8500以上の低木バラ、約550の種・品種のオールドローズやモダンローズが収められ、中には歴史的意義を持つバラも。5月から9月まで開園しており、愛好者たちもそうでない人もこの美しい場所で、見たこともないような形をしたバラやその香りを心ゆくまで楽しんでいます。

ルイーズ・ミシェル・バラ園

　多様な植物が生い茂る庭園の中に、ルイーズ・ミシェル・バラ園はあります。小さくてかわいらしくて様々な意味が込められ、誰もが好きにならずにはいられないこのバラ園は、ルイーズ・ミシェルへのオマージュです。パリ・コミューン（1871年にフランスに短期間樹立された社会主義政権）のメンバーであり、詩人でもあった彼女の詩を見てみましょう。「咲け、かぐわしいバラよ。希望と夏の花。香り高いそよ風が、汝を自由へと連れ去る」

　花によるセラピー、いわばガーデンセラピーの場でもあるこのバラ園には、ヴィクトル・ユゴーの言葉「バラに目を向ければ、心安らぐ」が似つかわしいでしょう。

　バラ園も含む庭園「ジャルダン・ド・リュマニテ（人類の庭園）」は、ランド地方サン＝ヴァンサン＝ド＝ティロス村の海からほど近いところに、エステル・アルキエにより作られました。感覚に訴える散歩を通じて、訪問者が「触覚や嗅覚による喜び」を感じ、「季節の感覚、時間性」を取り戻すことを目指しています。感覚の庭園、海辺の庭園、詩人の庭園など様々な庭園があり、絶えず変化しています。

　バラ園では、歴史的・植物学的・生態学的特性を備えた特殊な品種や、強い香りや独特な色のバラが育てられています。例えば、ハイブリッド・ティー「マダム・アントワーヌ・メイアン」（1935年）。黄色、クリーム色、洋紅色の混じり合った花を咲かせますが、第二次世界大戦中、1945年にベルリンが陥落した日に「ピース」と名が改められ、当時の歴史を象徴しています。

モティスフォント・アビー・ローズガーデン

　ここは、世界で一番ロマンティックなバラ園かもしれません。ヨーロッパから遠く離れた地域で生まれ、長い時間をかけて手入れされ、変化し、変化させられてきたバラ。まるで魔法がかかったようなこの場所は、バラに秘められた無限の可能性と尽きることのない多様性を、ほかのどの園よりも強く感じさせるのではないでしょうか。

　壁に囲まれたバラ園は、20世紀の偉大なる園芸家でありバラ専門家でもあったグラハム・スチュアート・トーマス（1909–2003年）により1970年に設立されました。イギリス南部の海岸からほど近いハンプシャー州モティスフォント・アビーの敷地内にあります。モティスフォント・アビーは、13世紀に建てられた修道院で、16世紀には貴族の所有地となり、大邸宅が建設されました。

　バラ園は小ぶりで、1時間もあれば充分と思いきや、1日を過ごせるほどの充実ぶりです。1900年以前に作出されたオールドローズのみを栽培しているのが特徴で、現代ではほとんど栽培されることのない昔の栽培品種を専門に扱っています。しかし、それが枷になるどころか、バラにかけてはかつてフランスと肩を並べていたイギリスの黄金時代のすばらしさを実感することができます。オールドローズ愛好家ならいつかは訪れたい聖地です。

※グラハム・スチュアート・トーマス氏の名を冠したイングリッシュローズ「グラハム・トーマス」が、至る所に植栽されています。

魅力あふれる小さなバラ園

　フランス北西部ウール県フレーヌ＝コーヴェルヴィル村にある「ル・クロ・ド・シャンショール」は、典型的なノルマンディー様式の庭園で、かわいらしいハーフティンバーの家を爽やかな庭が取り巻き、古木からは木漏れ日が差しています。この庭園にはオールドローズとモダンローズの2つのバラ園があり、予約の上訪問できます。

　同じくノルマンディー地方の海辺の近くには、17世紀に建てられた「メニル・ジョフロワ城」があります。城の周りには伝統にのっとって、庭や菜園、そして2000もの品種のバラが咲くすばらしいバラ園が広がっています。オールドローズ、モダンローズを問わず、ほとんどが香りを持ったバラです。

　フランス中央部オーヴェルニュ地方ビヨン村には、丘や谷に囲まれた「ジャルダン・ド・クローズ」があります。古木が伸びるイギリス式庭園はうっとりするほどの美しさ。端麗なオールドローズや驚くほどのびやかに育ったつるバラを楽しむことができます。

　2006年に開園した「ブリジット・バラ園」は、小ぶりながら魅力的で、詩情に富んでいます。ロワール川近く、ロワール＝エ＝シェール県コルムレ村にあり、オールドローズ、モダンローズ合わせて650種近い品種を栽培しています。

リヨン・バラ園

　1805年、皇帝ナポレオンとその妃ジョゼフィーヌはリヨンを訪れました。これを記念して、町は1796年にクロワ・ルッスの丘のラ・デゼルト修道院に造られた植物園をアンペラトリス（皇后）・ジョゼフィーヌ園と命名することに決め、ジョゼフィーヌは、マルメゾンのバラコレクションから多数のバラの木を寄贈して謝意を示しました。これが、今日のリヨン・バラ園の由来です。

　1857年、庭園とバラは完成したばかりのテット・ドール公園に移されることになり、水はけがよい土壌と理想的な気候のおかげでバラはすくすくと育ちました。バラ園は次第にコレクションを増やし、バラ専門育種家やナーサリーが数多く活動するリヨンの町も、「バラの都」と呼ばれるようになります。

　現在、公園には4つのバラ園があります。苗床から栽培した野生種のバラのコレクションを鑑賞できる野バラ園、有名なあるいは稀少なオールドローズの品種を栽培する歴史的バラ園、1930年以降毎年開催されるリヨン国際バラコンクールの受賞バラを集めたコンクールバラ園。そして、1960年代に5ヘクタールの敷地に造られた国際バラ園では、数え切れないほどのオールドローズ、モダンローズの品種が栽培されています。

リヨンのバラ

　1792年生まれのジャック・プランティエは、リヨン初のバラ専門育種家と呼ぶにふさわしい人物でしょう。彼に続いた専門家の数や質の高さを考慮すれば、この肩書の偉大さが実感できます。

　卸売業者のもとで庭師として働き始めた彼は、バラの魅力に目覚め、1830年にはローヌ川左岸ギヨティエール地区にナーサリーを設立し、数々の名高いバラを生み出しました。例えば、1835年作出の「グロワール・デ・ロゾマン」は洋紅色の半八重咲き。彼を始祖とする優れた育種家やナーサリーにより、19世紀後半のリヨンはバラの都と呼ばれるようになります。

　けれどもなぜ、リヨンなのでしょうか。それは、ここの気候がバラ栽培に最適だからです。暑く乾燥した夏と、しっかりと寒い冬。湿気のこもった土に弱いバラの木にとって、水はけがよく石が多い土壌は、根を張るのにぴったりなのです。

　また、1805年に皇后ジョゼフィーヌが町の植物園に、マルメゾンで育てた多数のバラの木を贈ったことも大きな要因です。リヨンの代表的なバラ専門育種家としてはギヨー、ラシャルム、シュワルツ、ペルネ＝デュシェ、ルヴェ、ベルネ、デュブルイユ、ラペリエール、メイヤンが挙げられますが、これ以外にも多数の育種家が活動しており、1850年から第一次世界大戦にかけて、実に3000以上もの品種が作出されました。

ギヨー一族

　ギヨー以前のバラの作出や普及は、首都圏が中心でした。そこには、皇后ジョゼフィーヌとマルメゾンが大きく影響しています。

　しかしギヨー以降、バラの中心地はリヨンに移ります。初代ジャン＝バティスト・ギヨーは1803年生まれ。1824年にギヨティエール地区にナーサリーを立ち上げ、1834年以降は屋号を「ラ・テール・デ・ローズ（バラの地）」と改め、バラ栽培に特化しました。「ラマルティーヌ」「マダム・ブラヴィ」といった交配種が彼のもとで生まれています。

　1827年生まれの息子もジャン＝バティストという名ですが、父と区別してギヨー・フィス（息子）と呼ばれ、跡を継ぎました。ギヨー社のホームページには、「世界中のバラ専門育種家たちは、彼の作り上げた野生種のバラの芽接ぎ技術に感謝しています」と書かれています。数々の品種を生み出しましたが、中でも初の交配種「ラ・フランス」は、モダンローズの始まりとされています。

　ジャン＝バティストの息子ピエールは1855年生まれ。植物学者そしてバラ専門家として知られています。以降、マルクと妻のジュリエット、1972年に家業を継いだジャン＝ピエールと、ギヨー一族は途絶えることなく、1990年代にはギヨー・バラ園を開園しました。園ではギヨー一族の生み出したバラが育てられ、カタログには多くのオールドローズの品種が掲載されています。

その他のバラたち

　植物界に君臨する花の女王バラ。バラにちなんだ名前はいろいろな植物につけられています。そうした植物は形や色がバラに似ているものの、バラとは異なる美しさを備えています。

　フランス語で「海外県のバラ」「パスローズ」「プリムローズ」と呼ばれるタチアオイ（*Alcea rosea*）は1年生あるいは多年生で、まっすぐな茎、長細い総状花序の花です。「エリコ（旧約聖書に出てくる現パレスチナの町）のバラ」と呼ばれるテマリカタヒバ（*Selaginella lepidophylla*）は砂漠に咲く乾燥した花ですが、水をやると本来の形や色を取り戻します。クリスマスローズ（*Helleborus niger*）は葉がたっぷりとした多年草で、冬に咲くことから、盛んに栽培されています。センジュギク（*Tagetes erecta*）はフランスでは「インドのバラ」と呼ばれ、オレンジがかった黄色の花を咲かせる孔雀草に近い植物です。「中国のバラ」ことブッソウゲ（*Hibiscus rosa-sinensis*）は漏斗のような形の花を咲かせる低木ですが、一般には単に「ハイビスカス」と呼ばれています。

　このほかにも白睡蓮は「水のバラ」、アルプスに咲く「アルペンローゼ」、「ノートル・ダムのバラ」こと多年生の牡丹や芍薬もあります。「砂漠のバラ」は砂漠にある化合物の結晶であり、植物ではなく鉱物です。

ROSE DE NOËL.

Rose de Noël! O fleur de mystère!
 Jouet gracieux de Jésus enfant!...
Sourire Divin tombant
    sur la terre
Que la neige couvre
    d'un linceul blanc!

(LUDMILA.)

古代のバラ

　3世紀のキリスト教教父テルトゥリアヌスは、この世の破滅（ハルマゲドン）ののち、世界は「60枚の花びらを持つミダス王のバラ」の園よりも美しくなるだろうと書いています。ミダス王はギリシャ神話の登場人物で、触るものすべてを金に変えるので、バラも金でできていたのかもしれません。

　この話からは、庭咲きのバラが古くから存在していたことがわかりますが、ギリシャやローマにおけるバラ栽培についてはほとんどわかっておらず、テオプラストスやペダニウス・ディオスコリデスのような古代の植物学者たちの書もバラの薬効にしか言及していません。

　一方、ウェルギリウス著『農耕詩』に出てくる「2度咲きするパエストゥムのバラ（biferi rosaria Paestii）」という植物は、紀元前273年にローマの支配下に置かれたイタリアの都市パエストゥムに咲く返り咲きのバラだとする説があり、バラが栽培されていた可能性は否定できません。

　古代のバラに関する最良の資料を残しているのはローマの学者プリニウスで、14のバラを産地別に挙げています。彼によれば、カンパーニアのバラとパレストリーナのバラはもっとも美しく、ミレトスのバラは鮮やかな赤ですが、「ギリシャのローズ」と呼ばれる花は、実際はアメリカセンノウ（Lychnis chalcedonica）です。また100枚の葉を持つバラについても言及していますが、これはおそらくケンティフォリア・ローズ（Rosa x centifolia）ではなく、ガリカ・ローズ（Rosa gallica）でしょう。

ホメロスとバラ

　「軽やかな足のアキレウス」「策略巧みなオデュッセウス」。これらは「ホメロス的定型表現」と呼ばれる句で、詩的表現法のいわば雛型です。いずれも『イリアス』や『オデュッセイア』に由来していますが、もっとも有名なのは「バラの指を持つエオス」でしょう。この比喩からは、東雲の空の微妙な色合いと花の女王バラの繊細さの両方が伝わってきて、まるで花びらや涼気やバラや真珠色の光沢が、女神エオスの指に滑り込むさまを目の当たりにしているような錯覚を起こさせます。エオスは「暁の子」とも呼ばれ、絵画では翼の生えた若く美しい女性の姿で描かれています。

　けれどもホメロスは、本当にバラの花を思い描きながらこの句を書いたのでしょうか。古代ギリシャの詩人ホメロスの作品には、花はほとんど登場しません。しかも当時、野生種のバラ（一重咲きのドッグ・ローズ）は山には生息していたでしょうが、鑑賞用に庭栽培はされていませんでした。きっとギリシャ語からの翻訳時に行き違いがあったのでしょう。この部分のギリシャ語を正確に訳せば、「バラの指」ではなく「バラ色の指」ですし、ほかの箇所でも「バラ色の腕を持つエオス」という表現があり、本物のバラではなく、「バラの色」を思い描いていたと考えられます。

クロリスとバラ

　『変身物語』の作者である古代ローマの詩人オウィディウスは、植物と春の女神フローラと、西風の神ゼピュロスと5月に結ばれたギリシャのニンフ、クロリスは同一だとしています。クロリスは「青々とした」という意味で、ボッティチェリも『春』で描いています。

　ある朝彼女が木立を歩いていると、森のニンフが倒れて絶命しているのを見つけます。何とか生気を取り戻そうと考えたクロリスは、ニンフをバラの花にしてゼピュロスを呼び、バラが太陽神アポロンの陽光を浴びることができるよう、雲を追いやってほしいと頼みます。そのバラに、豊穣の神ディオニュソスは不老不死の酒をかけて芳香をもたらし、愛と美の神アフロディテは美を授けました。このときアフロディテ（ローマ神話ではヴィーナス）を助けたのが三美神で、花を清めて甘い香りを授けましたが、そのうちの一人がバラを持っていたと、ホメロスの『オデュッセイア』に記されています。

　クロリスへのオマージュとして作出された花は、アルバ・ローズの系統に属するオールドローズで、その名も「クロリス」。一季咲きで、光沢のない葉と棘のない茎、八重咲きの明るいピンクとその香りが特徴です。一方、「フローラ」はつる性の丈夫なバラで、ピンクの花を咲かせます。

アフロディテの赤いバラ

　際立った美しさと甘い香りを兼ね備えたバラは、ギリシャ・ローマ神話をはじめとする数々の神話や伝説に登場します。

　逆にバラ専門育種家たちが、作出したバラの名前を神話から取ることもあります。例えば19世紀に普及したオールドローズの「キュイッス・ド・ナンフ(ニンフの太もも)」という品種の肉感的なピンクは、ニンフを連想させます。この花の変種「キュイッス・ド・ナンフ・エミュ(心震えるニンフの太もも)」(「グレート・メイデンズ・ブラッシュ」)は、もう少し濃いピンクです。また、「ネッサンス・ド・ヴェニュス(ヴィーナスの誕生)」「ブーケ・ド・ヴェニュス(ヴィーナスの花束)」といったオールドローズ、「アフロディテ」などのモダン栽培変種も挙げられます。

　ギリシャ神話の愛の神アフロディテ(ローマ神話ではヴィーナス)は、バラに関係する神話にも登場します。彼女が愛した美少年アドニスは、イノシシに襲われ命を落としますが、実はこのイノシシは、アフロディテの嫉妬深い恋人、軍神アレス(ローマ神話ではマルス)だったのです。アドニスに駆け寄ったアフロディテは茨に指を引っかけ、その一滴の血が落ちた白バラ(おそらく一重咲)は赤く染まりました。しかし、流れたのはアドニスの血で、花はアネモネだったという説もあります。

バラの谷

　バラ愛好家にとってまさに楽園とも言うべき「バラの谷」は庭園ではなく、バラの香りに満ちた、見渡す限りバラの花が咲き乱れる地です。ブルガリア中部、バルカン山脈の麓に広がるこの地のすばらしさを堪能するには、6月初旬の開花期に訪れるのが正解です。

　唯一の栽培種がダマスク・ローズの「ロサ・ダマスケナ・トリギンペタラ」で、現地の生産者たちはこの地域の主要都市から名をとった「カザンラク」という品種を開発しました。

　バラ栽培に最適な土壌と気候に恵まれたこの地では、17世紀から盛んにバラが栽培されてきました。当時、オスマン帝国の一部だったブルガリアは、現在ではローズエッセンスの世界的な一大産地として知られています。季節が巡ってくると、女性たちは大きく開いたバラを、手のひらを使って摘み取ります。

　この季節、大輪の花が咲く谷はにわかに活気を帯びます。バラ祭りではカザンラクの町がバラで埋め尽くされ、バラの冠をかぶった女の子たちが伝統舞踊を舞い、バラのお菓子や飲み物を楽しむのです。

※カザンラクのバラ祭りは、毎年6月の最初の土曜日に開催されます。

ロンサールのバラ

　「かわいい人、バラ(中略)を見てみよう」。フランスの子どもが学校で学ぶこの詩は、詩人ピエール・ド・ロンサール(1524-85年)の作品としてはもっとも有名で、おそらくもっともインスピレーションにあふれる1節でしょう。この詩が捧げられた相手は、イタリア出身で20歳の裕福な、(そしておそらく)絶世の美女カッサンドル・サルヴァティです。テーマは、美と若さの象徴であるバラが1日でみずみずしさを失うように、若い女性たちの美しさもはかない、という単純なもの。ロンサールはいささか非道徳的に、「摘め、若さを摘め」と命じます。

　それにしても、彼の言う「赤紫色のバラ」とはどのような花でしょう？　16世紀にはバラの栽培変種はそう多くは存在しませんでしたから、八重咲きや半八重咲きのダマスク・ローズあるいはガリカ・ローズだったのではないかと考えられます。「マリー、そなたの体も顔も美しい」と始まる『マリー』という別のソネットには、もう少しヒントが隠されています。

　このソネットでは、アンジュー地方に住む15歳のマリー・デュパンとその姉妹トワノンが比較されており、ロンサールが「田園に咲くバラは目にも快く香りもよいが(中略)、まっすぐなバラは野生のバラを追い抜かす」と詠んでいるように、マリーの美しさはトワノンのそれに勝っていました。ここで出てくる野生のバラはドッグ・ローズ、まっすぐなバラは八重咲きのバラを指すと考えられます。

※バラ「ピエール・ド・ロンサール」は、1985年、ナーサリーのメイアン作出のつるバラです。長年にわたって人気があり、2006年の世界バラ会議第14回大阪大会で、栄誉殿堂入りを果たしました。

アグリッパのバラ

　アグリッパ・ドービニェ（1552-1630年）は、誰もが知るフランス詩人というわけではありません。確かに彼の代表作であり、7編の韻文からなる長大な叙事詩『悲愴曲』は、不幸、16世紀のカルヴァン派をはじめとするプロテスタント教徒に対する迫害、聖バルテレミーの虐殺などを詠んでおり、お世辞にも心浮き立つ作品とは言えません。

　けれどもその韻文は美しく、中でも次の2節はバラ愛好家の興味を引きます。「秋のバラは甘美なバラ以上の存在だ。バラは、教会の秋を美しく彩る」。ここで言及されている遅咲きのバラは、信仰ゆえに迫害を受け殉教した人々を指していますが、16世紀末の秋咲きのバラとはどんな花だったのでしょう。

　実際のところ、当時返り咲きのバラは存在せず、特殊な遺伝子を持った最初のダマスク・ローズであるカスティーユ・ローズあるいはキャトル・セゾン（*Rosa x damascena* 'Bifera'）が初めて出現したのは、この詩集の出たあとの1620年頃のことです。けれどもアグリッパの詩のバラが、季節はずれの秋晴れの日にたまたま咲いたガリカ・ローズや一季咲きのダマスク・ローズだった可能性もあります。

そしてバラは散った……

　詩人フランソワ・ド・マレルブ（1555-1628年）の作品『ペリエ氏を慰める詩』は、娘を亡くしたばかりのペリエ氏に捧げられた作品であるにも関わらず、意外なほど悲壮感が漂っていません。詩はキリスト教や神話の思想を織り交ぜながら、かわいそうな娘は生きていると軽快な調子で謳うのです。

　それでも胸を突くような次の1節には、はっとさせられます。「けれども彼女は、すばらしきものが最悪の運命を迎える世界に住んでいた。バラは、その他のバラたちと同じ運命をたどった。一朝にして」。「バラ（ローズ）は」の部分は、本来は「ロゼットは」と書かれていたのに、印刷所のミスで現在伝えられている形になったという説もありますが、若くしてこの世を去った娘の名前は、ロゼットではなくマルグリットでした。

　実は文学史研究家レイモン・ルベーグが1942年に明らかにしたように、詩の初稿はその数年前に、ノルマンディーで別の友人のために書かれました。その友人の思春期の亡き娘こそが、ロゼットという名だったのです。それを、マレルブ自身がペリエ氏の娘のために改変したのでしょう。この詩で純粋さと移ろいやすい美を象徴するバラに例えて謳われているマルグリットは、享年わずか5歳でした。

ロマン派詩人たちのバラ

　パリのシャプタル通りのロマン主義美術館を6月に訪れると、香り高く美しいバラが咲き乱れています。19世紀に黄金期を迎えたバラは、まさにロマン派の象徴。当時もその昔も詩人たちは、バラに純粋さや無垢を見ました。ヴィクトル・ユゴーは「何と悪がはびこっていることか！　バラに目を向ければ、心安らぐ」と言っています。

　またロンサールが謳ったように、バラは移ろいやすさの象徴でもあります。ミュッセは「人はバラの香りをかぎ、そして捨てる。バラは朽ち果てる」と述べ、ラマルティーヌは「神よ、なぜ淡色のバラを咲かせるのですか。すべてはこの地で打ち震え、命尽きるのに」と詠んで、とりわけ秋のバラのはかなさや命の短さを嘆いています。

　けれどもユゴーにとってバラは幼少期の象徴でもあり、かつてのスペイン王女（16世紀のフェリペ2世王女）について「女の子は幼く、女官が世話をしている。手にはバラを持っていて、それを見ている」と詠んでいます。インスピレーションあふれる詩は、香りをかごうと身をかがめる王女、その顔が花びらに埋もれるさまを描いています。「戯れるかわいらしい王女と花の見分けがつかない。それは花なのか、頬なのか」と。

ピエール＝ジョゼフ・ルドゥーテ

　繊細な画風で、世界中の人から愛される画家ルドゥーテ。彼には、危険に満ちた動乱の時代をやすやすと泳ぎ切る才能がありました。
　1759年、ワロン地域（現ベルギー）に生まれ、1788年にパリに移り住んだルドゥーテは、王妃の博物蒐集室つき画家としてマリー・アントワネットに仕えます。フランス革命が起こって失職したものの、科学アカデミーに働き口を見つけ、1798年にはナポレオンの妻ジョゼフィーヌの目にとまりました。以降、彼はジョゼフィーヌのために、エキゾティックな植物の絵を数多く描いています。彼女のバラコレクションの絵はマルメゾンの庭園で制作されたもので、1817年に2巻の版画本として、各バラについての植物学的解説が付されて刊行されると大変な人気となり、現在まで重版されています。
　自然史が一世を風靡した時代、彼はごく早い時期に植物を専門に描く道を選びました。繊細な美しい輪郭線、傑出した色彩感覚が特徴で、科学的正確さを重視し、しばしばルーペを使って細部を観察することも。絵を通して植物に命を吹き込む技量を持った彼を、人々は「花のラファエロ」と呼びました。

※マルメゾンのバラを描いた『バラ図譜』は、野生種または古いバラ、中世のバラ、描かれた当時の最新のバラの、おもに3グループに分けられます。

サアディーのバラ

　フランスの女流詩人マルスリーヌ・デボルド＝ヴァルモール（1786-1859年）の短詩には、13世紀ペルシャの詩人サアディーからインスピレーションを得たこんな1節があります。「今朝、あなたのところへバラを持って行きたかったのです」

　マルスリーヌが敬愛したサアディーは、シーラーズ（現イラン）生まれで、『薔薇園』を残した熱狂と神秘の詩人です。彼は序文で、長く深遠な瞑想を終えたある賢者に、夢について語らせています。その夢とは、賢者がバラを衣いっぱいに入れて友人たちに贈ろうとするけれども、その香りに酔ってしまい、衣を手放してしまうというもの。

　マルスリーヌはこの詩的な情景にヒントを得て、恋人のところに持って行こうとバラを摘むけれども、衣のすそに詰め込みすぎたため、バラがはみ出て海に落ちてしまい、波が赤く染まったと詠んでいます。そして、「夜になっても衣からはよい香りが漂っています。（中略）私のもとに来て、かぐわしい思い出をかいでください」という美しい節が続きます。

　今日では、残念ながら彼女の作品は過小評価され、知名度は高くありませんが、精神的で精妙な愛、そして抑制されつつも力強い官能性が表現されています。

歌に登場するバラ

　「私たちはちっぽけな存在だ。今朝、友であるバラが私にそう言った」。これは1964年に発表されたフランスの歌手フランソワーズ・アルディの歌の1節です。セシル・コリエとジャック・ラコンブが作曲し、コリエが作詞したこの曲は、その何百年も前にロンサールやデュ・ベレーといった詩人が詠んだバラのはかない美を情感豊かに歌っています。

　対照的に、18世紀の歌『ヴィーヴ・ラ・ローズ(バラ万歳)』のバラは祝祭のシンボル。けれどもその陽気さは見せかけで、リズミカルなメロディーにはほろ苦い思いや悔しさが秘められています。「恋人は私を捨てた。ああ、バラ万歳」と棘を含んだ歌詞は、「ほかの女のところへ行って。(中略)私よりずっときれいな女のところへ」と嫉妬へと変わり、そして「彼女は死ぬかもしれないわね。(中略)月曜日にはお葬式だわ」と残酷さが顔を出し、「火曜日に、彼は私のところへ戻ってくる。(中略)でも、もう私にはその気はないの」と復讐を誓っています。この歌は1966年に歌手ギ・ベアールによりカバーされ、世に広まりました。

　1925年にベルト・シルヴァが歌った『レ・ローズ・ブランシュ(白バラ)』(レイター作曲、ポティエ作詞)はレアリズムあふれるメロドラマ的な歌で、バラ、とりわけ白バラを通して、救いようのない悲惨さと手の届かない幸せを描いています。この悲しい歌の主人公はパリに住む男の子。入院中の瀕死の母のためにバラを盗みます。けれども病院に着いたときはすでに手遅れで、「もうお母さんはいないのよ」と告げられるのです。

ピカルディのバラ

　フランス北部ピカルディ地方のバラはしっかり育ちますが、それ以外に取り立てて話題性はなさそう……。いえいえ、そんなことはありません。第一次世界大戦中に、『ローズ・オブ・ピカルディ』というイギリスの歌が生まれたではありませんか。今日でも、この歌はフランス戦線に送られてピカルディ娘に恋したイギリス兵のものだと信じられていますが、実際はイギリスのハイドン・ウッド作曲、フレデリック・ウェザリー作詞による愛の歌で、戦争には全く触れていません。

　英語の詞には、ポプラの木の下で待ちこがれるコリネットという若い娘が登場します。「ピカルディでは銀色の露に濡れてバラが咲き乱れているけれども（中略）、あなたのようにすばらしいバラはない」という内容で、イギリス軍がフランス北部で従軍していた1917年にレコーディングされ、大変な人気を収めました。

　休戦協定が結ばれると、歌はピエール・ダルモールによりフランス語に訳され、ジャン・リュミエール、ティノ・ロッシ、アンドレ・ダッサリ、マテ・アルテリ、マド・ロバンなどの当時の人気歌手たちがカバーしました。海外でも人気を呼び、フランク・シナトラやシドニー・ベシェもカバーしています。1953年には、エディー・マルネイがイヴ・モンタンのためにショートバージョンに編曲し、『ダンソン・ラ・ローズ（バラよ、踊ろう）』として発表しました。

※ピカルディ地方ジェルブロアには、「バラの村」と呼ばれる美しい村があります。

侯爵夫人のバラ

　ピエール・コルネイユ、トリスタン・ベルナール、ジョルジュ・ブラッサンス。時代は違えど、この3人の芸術家には侯爵夫人ことデュ・パルク嬢という共通点があります。

　17世紀の絶世の美女と謳われた女優デュ・パルク嬢は、パリの聴衆を魅了しました。19世紀の研究者の言を借りれば、「驚くほど跳ね回り、両端にスリットが入ったスカートから脚や太ももの一部や、下着に留められた絹の靴下が見えた」とか。大劇作家コルネイユは彼女のために『ア・ラ・マルキーズ（侯爵夫人へ）』という詩を捧げ、「侯爵夫人よ、私の顔はいくぶんか老いているかもしれないが（中略）、ときと共に（中略）貴女のバラも老いるのです。私の額がそうだったように」と、移ろいやすいバラの美しさ同様、彼女の魅力も刹那的なのだと訴えています。そしておどけたような調子で、自分は年寄りだけれども私の作る詩によって貴女は永遠を得るのだから、どうかこの愛を受け入れてくださいと続けています。

　そのほぼ3世紀後、作家トリスタン・ベルナールはこの詩を題材に、侯爵夫人がコルネイユを揶揄するというストーリーを書き上げました。さらにのちの1962年、歌手ジョルジュ・ブラッサンスは美しいメロディーに乗せて、「年寄りのコルネイユさん、私は26歳。くたばっちまえ」といたずらっぽい笑みを浮かべながら歌いました。

トゥルヌソル博士のバラ

　ベルギーの漫画『タンタン』シリーズの『カスタフィオーレ夫人の宝石』で活躍するトリフォン・トゥルヌソル博士は、自分の発明したロケットで月にまで行ったほどの人物ですが、バラの育種家でもあります。

　麦わら帽子をかぶり剪定ばさみを手にした博士は、ムーランサール城の庭園で城主のハドック船長に「絶対に2人だけの秘密にしてほしいのだが、バラの新種を発明したのだ」と告げます。バラは女流歌手カスタフィオーレ夫人にちなんで「ビアンカ」と命名されました。

　夫人が記者たちを伴って登場すると、博士は美しい赤バラを一輪捧げ、香りをかいだ夫人はハドック船長にもかがせますが、船長は花に隠れていたハチに刺されて悲鳴を上げます。鼻はみるみる赤く腫れ、少々薬草の知識のある夫人は、花びらをしわくちゃにして船長の鼻に当てて手当をしました。

　数日後、城を去る夫人にトゥルヌソル博士は抱えきれないほどの白バラを贈ります。夫人は「何てすてきなんでしょう！」と博士の頬にキスし、博士はバラのつぼみのように真っ赤になりました。

悩ましい棘

　1461年から1483年にかけてフランスを治めたルイ11世は、「手出しをする者はケガをする」というオルレアン公爵家の座右の銘をモットーとしました。公爵の紋章ではこの句と共にヤマアラシが描かれていますが、ルイ11世の紋章では茨の束が描かれています。

　ルイ11世は『戦争のバラ』と題した政治や倫理についての考察を残していて(実際には国王の考察を専属医ピエール・ショワネが書き取ったものですが)、序文には「公共の保護と防衛について、バラの木をそちに贈ろう。(中略)毎日、花の香りをかげば、この世の何ものにもまさる喜びと安楽を得るであろう」と書かれています。それにしても、このバラの木とは何を意味しているのでしょう。この著作は詞華集であって、バラの花は絶妙な格言や深遠な思索を指しています。

　バラと言えば、多くのことわざや格言は、棘のあるバラに例えて、美しいものには代償や厄介事がつきものだと説いています。17世紀初めの「棘のないバラはない」という格言は、「棘のないバラがないように、嫉妬のない愛はない」などの変化形や、「バラは朽ちるけれど棘は残る」といった格言を生み出しました。

バラにまつわる慣用句

　フランス語で「バラの上に送り出された」と言えば、追い払われるとかはねつけられることを意味します。バラには棘があるため、数ある表現の中でも、「バラの上に送り出された」は特にきついニュアンスを含んでいます。けれどもその刺々しさは、バラの美しさに包まれて和らげられているのも事実。だから「追い払われ」ても、ある程度の品位は保たれていることになります。

　この表現は19世紀にさかのぼるとされていますが、バラは常に様々な言い回しに使われてきました。似たような表現「バラの上にいる」は17世紀に使われた表現で、「困った状況にいる」を意味します。劇作家ニコラ・メルヴィーユが1831年に発表した軽喜劇『ヒルトブルクハウゼン男爵』では、「絶望的だ。父はバラの上に、私は棘の上にいる」という台詞があります。

　反対に、「バラのベッドの上に寝る」という17世紀の慣用句は、「至福に満ちあふれる」を意味します。古代文学をひもとくと、ローマ皇帝ヘリオガバルスはベッドにバラを敷き詰めていたとか、ヴィーナスはバラのベッドをことのほか気に入っていた（すなわちエロティックな含み）などの記述もあるので、この表現にはそれなりの根拠があります。18世紀の哲学者モンテスキューは、『ニドの寺院』（1724年）と題した雅やかな詩に軍神マルスを登場させて、「バラのベッドの上に物憂げに寝そべった彼は、ヴィーナスに微笑みかけた」と書いています。

ローズポット

　フランス語の慣用句には、意味は明らかなのに由来が忘れ去られてしまったものがあります。例えば「ローズポットを見つけた」とは、用心して隠されてきた、そしてあまりうれしくない秘密や真実が明らかになることを意味します。

　けれども、ローズポットというのはなぜでしょう。その昔、女性たちは窓際に花瓶を置き、男性たちは彼女たちの夫に隠れてそっと愛の言葉を綴った手紙をその花瓶に入れていたと伝えられていますが、この説はバラには無関係と考えられます。というのも、この表現が成立した13世紀において、まだ花を生けるための壺(ポット)はほとんど普及しておらず、バラを切り花として楽しむ習慣もなかったからです。

　このポットというのは錬金術師が使っていたもので、強力な効果のある秘密の薬が入れられていたのだという人もいますが、充分な根拠に欠けます。

　ローズポットのローズというのはバラ色の頬紅を指すのではないか、という説が有力です。かつて女性たちは顔をバラ色に輝かせるために惜しげもなく、ただしごく自然に見えるよう頬紅を使っていて、夫や恋人たちに見られないように、頬紅の入った容器を隠していたのです。だからこそ(頬紅の入った)ローズポットを見つけてしまうことは、ふたを開けて中身を知ってしまうことでもあったのです。

バラの冠の乙女

　「バラの冠の乙女」とは、美徳、信仰心、慎み深さを兼ね備えているとして村で選ばれた少女を指します。この伝統は5世紀の聖メダールにまでさかのぼり、この聖人の日である6月8日にバラの冠の乙女の祭りが行われます。具体的には、こうした徳を象徴するバラで作られた冠が、選ばれた少女に授けられます。

　現代なら炎上しそうな伝統ですが、実際、この伝統の発祥の地と言われるパリの北、オワーズ県のサランシー村では、フェミニストたちのデモ行動を恐れて、ずいぶん長いことバラの冠の乙女が選出されていません。けれども現代でも、皮肉を交えて祭りを続けている地域もあれば、地域社会に貢献した人物を表彰するために「乙女」(あるいは男性)を選出し続けている村もあります。

　例えば、ギ・ド・モーパッサンの味わい深い短編『ユッソン夫人の善行賞』(1887年)では、ジゾール村に住む女性が、バラの冠に値する貞淑で純潔な乙女を探しますが見つからず、イジドールという村の愚直な男性を選ぶことにします。この話は、1931年にドミニク・ベルナール＝デシャン監督、フェルナンデル主演、1950年にジャン・ボワイエ監督、マルセル・パニョル脚本で映画化されました。

帽子にバラ

　ときは1690年頃。学者アントワーヌ・フュティエールは『万有辞書』で、「彼女は帽子のもっとも美しいバラをなくしてしまった、という表現は、重要なもの、とりわけ支援や援助に関するものを失うことを意味する」と述べています。けれども17世紀の貴婦人たちの肖像画を見ると、帽子には花ではなく羽根飾りがあります。ということは、ここで言う「帽子」とは、「帽子」の項目にある「花の帽子」、すなわち「結婚する娘たちの頭に乗せる花冠」を意味しているのかもしれません。

　辞書には「父が結婚する娘にバラの帽子を贈る、とは結婚に際して娘に帽子をかぶらせる以外、何も贈らないことを意味する」とも書かれています。一方、「帽子のもっとも美しいバラをなくす」には、「処女を失う」というエロティックな意味も隠されています。「バラを失う」とか「バラを摘む」も同様です。

　伝説では、キューピッドはヴィーナスとの恋仲が噂にならないよう、沈黙の神ハルポクラテスにバラを一輪贈りました。バラは口の堅さの象徴でもあり、ラテン語でsub rosaとは「内密に」を意味します。教会の告解場にバラが刻まれていたり、夕食で各席にバラの花が飾られていたりするのはこのためで、そうした場で交わされた言葉が外に漏れないようにという念押しが込められているのです。

パンとバラを!

　労働者や女性の権利を求める運動ではおなじみの「パンとバラを!」というスローガン。その起源は一般にカール・マルクスだと信じられていますが、彼自身も述べているように、1843年にパリで出会ったドイツのロマン派詩人ハインリヒ・ハイネ(1797-1866年)です。

　当時マルクスは25歳、ハイネは46歳でしたが、互いに大きな影響を与え合いました。自らを「敬虔」と公言していたハイネですが、積極的に政治に参加し、ドイツ国民の困窮ぶりに激しい怒りを感じていました。感動的な『冬物語—ドイツ』には、「我々は地上に天の王国を打ち立てたいと考える。(中略)地上にはすべての人間の子どもたちが食べられるほどのパンがあり、バラやギンバイカや美や楽しみやグリーンピースもある」と書かれています。マルクスはこの一文を援用して、労働者は物質だけでなく、バラやグリーンピースなどの美や非実用的なものも求めているのだと主張しました。

　1912年、アメリカ、マサチューセッツ州の縫製工場の労働者たちは大規模なストライキに入り、移民や労働者たちは数々のデモでジェームス・オッペンハムの歌『ブレッド&ローズ』を歌いました。歌にはこんな一節があります。「体と同じように心も飢えている。パンとバラを我々に」

バラ戦争

　15世紀後半のイギリスは、政治的に不安定な状況にありました。100年戦争は終結したものの、本当の意味での勝者はおらず、貴族たちはフランスへの勢力拡大をあきらめねばなりませんでした。だからこそ、国内での紛争が勃発したのかもしれません。仇敵ヨーク家とランカスター家が、王座と権力を巡って争いを繰り広げたのです。

　シェイクスピアによる1590年頃の作品『ヘンリー6世』の戦争初期の場面では、ヨーク公が「生まれながらの本物の貴人よ、(中略)我と共にこの灌木、白バラを摘み取ろう(ヨーク家の象徴である白バラを摘むことで、同家に賛同せよの意)」と言い、サマセット公は「腰抜けでも追従者でもない者よ、(中略)我と共にこの茨、赤バラを摘み取ろう」とやり返していますが、1455年から1485年にかけて繰り広げられた戦いは、バラ戦争などという美しい表現とはかけ離れていました。

　ヨーク家の紋章が白バラとなったのは14世紀。一方、ランカスター家が赤バラを自らの紋章としたのは、戦争末期の1485年のことです。戦争はヘンリー・チューダーがヘンリー7世として即位することで終結し、ランカスター家の出身であるヘンリー7世はヨーク家のエリザベスと結婚することで、両家の和解と王位の安定を図りました。その紋章であるチューダー・ローズは赤と白で、以降イギリスを象徴する紋章となりました。

ミュンヘンの白バラ

　ハンス・ショルとアレクサンダー・シュモレルにより、ミュンヘンで始まった白バラ運動をご存じでしょうか。1942年6月、ドイツの学生グループ（そのほとんどがキリスト教徒）が、当時権力を掌握していたヒトラーとナチズムに抵抗運動を起こしたのです。

　彼らは哲学博士クルト・フーバーの支持を得、4種のビラを印刷して、知識層や教育者に配布しました。アリストテレス、ゲーテ、シラーといった大哲学者の言葉を引用しながらナチスへの抵抗を呼びかける内容で、1943年にはハンスの妹ゾフィーやほかの学生たちも加わり、5種類目のビラを作成しました。

　2月18日、6種類目のビラを配布していたハンスとゾフィーは逮捕され、間もなくほかのメンバーもゲシュタポに捕まりました。裁判にかけられたハンスは、裁判官たちに「間もなくあなた方も裁かれるだろう！」という言葉を投げつけます。兄妹は2月22日に死刑判決を受け、同日、メンバーの一人であるクリストフ・プローウストと共に斬首されました。

　白バラ運動で落命したメンバーは16人。戦後、彼らには多くのオマージュが捧げられ、2012年にはストラスブールの欧州評議会前の橋の名称が、ローズ・ブランシュ（白バラ）橋に変更されました。

福山のバラ

　広島への原爆投下から2日後の1945年8月8日、広島県福山市はアメリカ軍による大空襲に襲われました。ほぼ壊滅状態の町。多くの死者。

　復興は困難をきわめましたが、1956年、住民たちに勇気を与えることで希望を取り戻して未来を築こうと、あるグループが南公園に1000本のバラを植えました。スローガンは「花は美しい。けれども、花を育てる人の心はもっと美しい」。ときと共に規模は広がり、バラ公園となったこの場所には、現在280以上の種・品種、5500本以上のバラの木が植えられています。

　1986年に育種家田頭 数蔵(たがしらかずぞう)により作出された「ローズふくやま」も咲いています。福山市は日本では「バラの町」として知られ、毎年6月には大規模なばら祭りが開催され、パレードなどでにぎわいます。2016年には「100万本のばらのまち」となり、思いやりや助け合いの理想を表す「ローズマインド」を実践しています。

※福山市は、2024年開催予定の世界バラ会議の開催地に決定しました。

マジノ線のバラ

　バラと戦争には深い縁があります。

　ときは1938年。ドイツとフランスの国境沿いのマジノ線（第一次大戦後、対ドイツ防衛策として国境に建設されたフランスの要塞線）には鉄条網が張り巡らされ、灰色のコンクリートでできたトーチカや地下道や地下兵舎が並んでいました。退屈しながらも、来る日も来る日もドイツ軍の攻撃に備えて見張りをおこたらない兵士たち。この状況を目にしたバラ愛好家でもある実業家ジャン・プラデルは、アンリ・ジロー上級大将に待機を続ける兵士たちの厳しい生活状況を指摘し、この線に沿ってバラを植えることを提案します。

　大将はこれを受け入れ、「フランス人よ、我々がコンクリートに囲まれた男たち（フランス兵）に思いをはせていることを示すため、2フランでバラの木1本、4フランで2本を、懐具合に応じて購入しようではないか」と国民に呼びかけました。試みは大成功を収め、協会が結成され、ユベール・リョテ元帥の妻が代表を務めました。また、サヴェルヌ・バラ園やアルザス・ロレーヌ地方バラの友の会の設立者であるルイ・ワルテルも、この運動に参加しました。

　こうして1938年10月、ジャン・プラデルと、フォルクモン要塞司令官であるボードワン将軍は、最初のバラをマジノ線に植え、その後延べ8000本が植えられることになります。兵士たちの士気が上がったかどうかは不明で、バラはマジノ線同様ドイツ軍の侵入を妨ぐことはできませんでした。その後、バラたちはどうなったのでしょう。もしかしたら、1本だけまだどこかに咲いているのかもしれません……。

映画とバラ

　中国、杭州で1927年に公開された映画『西廂記(せいそうき)』は、リー・ミンウェイ（女役も演じたこともあります）と侯曜による長編無声作品です。中国では初のフィクション映画であり、単なる白黒ではなく、ゴールドと青白がかった映像が印象的です。
　多くの俳優が出演するこの映画は8世紀頃から伝わる話をもとにしており、若い女性と秀才の叶わぬ恋の物語で、女性をバラに見立て、フランス語では『普救寺のバラ』というタイトルがつけられました。当時製作された中国映画はほとんど残っていませんが、この作品は奇跡的に現存しています。
　一方、ミア・ファローとジェフ・ダニエルズが出演したウディ・アレン監督『カイロの紫のバラ』（1985年）は、映画の中の映画という構成で、生活に疲れたセシリアが映画館で1930年代の『カイロの紫のバラ』という作品を観ていたところ、登場人物がスクリーンから抜け出してくるというストーリーです。白黒映画から抜け出してきた人物はカラフルに変身し、アップテンポで愉快なストーリー展開には思わず引き込まれてしまいます。
　ベースには、イタリアの劇作家ルイジ・ピランデルロによる戯曲で、やはり登場人物が現実になるというストーリーの、『作者を探す6人の登場人物』があります。

LE PETIT LIVRE DES ROSES

Toutes les images proviennent de la collection privée
des Éditions Papier Cadeau, sauf : © Florilegius / Leemage 95.

© EPA — Hachette Livre 2019

Direction : Jérôme Layrolles
Responsable éditoriale : Fanny Delahaye,
avec la collaboration de Franck Friès
Relecture-correction : Myriam Blanc
Direction artistique : Charles Ameline
Fabrication : Sandrine Pavy
Mise en pages et photogravure : CGI
Partenariats et ventes directes : Ebru Kececi
(ekececi@hachette-livre.fr)
Relations presse : epa@hachette-livre.fr

This Japanese edition was produced and published in Japan in 2019
by Graphic-sha Publishing Co., Ltd.
1-14-17 Kudankita, Chiyodaku,
Tokyo 102-0073, Japan

Japanese translation © 2019 Graphic-sha Publishing Co., Ltd.

Japanese edition creative staff
Editorial supervisor: Harumi Motoki
Translation: Hanako Da Costa Yoshimura
Text layout and cover design: Rumi Sugimoto
Editor: Yukiko Sasajima
Publishing coordinator: Takako Motoki
(Graphic-sha Publishing Co., Ltd.)

ISBN 978-4-7661-3296-0 C0076
Printed in China

もっと知りたい人のために

Michel Beauvais, *Des roses pour le jardin*, Rustica Éditions, 2003.

Elliott Brent, *Roses. L'histoire de la fleur la plus admirée*, Heredium, 2017.

Éléonore Cruse, *Les Roses au naturel. Secrets d'une rosieriste passionnée*, Ulmer, 2018.

Midori Goto, *Roses anciennes & anglaises*, Larousse, 2016.
(後藤みどり『オールド・ローズ&イングリッシュ・ローズ：この1冊を読めば系統、交配、栽培などすべてがわかる』誠文堂新光社、2014年)

Marie-Thérèse Haudebourg, *Roses du jardin*, Hachette, 2009.

François Joyaux, *Nouvelle Encyclopédie des roses anciennes*, Ulmer, 2015.

Nadia de Kermel, *Petit Larousse des roses*, Larousse, 2011.

Annie Lagueyrie-Kraps, Virginie Klecka, *Roses de mon jardin, mon carnet d'aquarelles*, Rustica Éditions, Fleurus, 2010.

Brigitte Lapouge-Déjean, Serge Lapouge, *J'ai de beaux rosiers sans produits chimiques !*, Terre Vivante, 2012.

Daniel Lemonnier, *Le Livre des roses. Histoire des roses de nos jardins*, Belin, 2014.

Isabelle Olikier-Luyten, *Des compagnes pour mes roses. Idées d'association au jardin*, Ulmer, 2016.

Roger Phillips, Matyn Rix, *Roses*, La Maison Rustique, Flammarion, 2005.

Pierre-Joseph Redouté, *Les Merveilleuses Roses*, Bibliothèque de l'Image, 2014.

元木はるみ『ときめく薔薇図鑑』山と渓谷社、2018年

著者プロフィール

ミシェル・ボーヴェ

自然や植物園を好み、野草や栽培植物に関する本を多数執筆。ちいさな手のひら事典シリーズ、"Le petit livre des plantes sauvages（野草）"の著者でもある。

監修者プロフィール

元木はるみ

バラの文化と育成方法研究家。日本ローズライフコーディネーター協会（JRLC）代表。バラ歴約30年。無〜減農薬でバラを育成し、バラの歴史や文化、暮らしに活用する方法を、カルチャースクールやイベント、雑誌、新聞、テレビ、ラジオ、ウェブサイト等で紹介している。著書に『ときめく薔薇図鑑』(山と渓谷社)他。

─── シリーズ本　好評発売中！ ───

定価：本体1,500円（税別）

ちいさな手のひら事典
ねこ
ブリジット・ビュラール＝コルドー 著
ISBN978-4-7661-2897-0

ちいさな手のひら事典
きのこ
ミリアム・ブラン 著
ISBN978-4-7661-2898-7

ちいさな手のひら事典
天使
ニコル・マッソン 著
ISBN978-4-7661-3109-3

ちいさな手のひら事典
とり
アンヌ・ジャンケリオヴィッチ 著
ISBN978-4-7661-3108-6

ちいさな手のひら事典
バラ
ミシェル・ボーヴェ 著
ISBN978-4-7661-3296-0

ちいさな手のひら事典
魔女
ドミニク・フゥフェル 著
ISBN978-4-7661-3432-2

ちいさな手のひら事典
薬草
エリザベート・トロティニョン 著
ISBN978-4-7661-3492-6

ちいさな手のひら事典
月
ブリジット・ビュラール＝コルドー 著
ISBN978-4-7661-3525-1

ちいさな手のひら事典
子ねこ
ドミニク・フゥフェル 著
ISBN978-4-7661-3523-7

ちいさな手のひら事典
花言葉
ナタリー・シャイン 著
ISBN978-4-7661-3524-4

ちいさな手のひら事典
マリー・アントワネット
ドミニク・フゥフェル 著
ISBN978-4-7661-3526-8

ちいさな手のひら事典
おとぎ話
ジャン・ティフォン 著
ISBN978-4-7661-3590-9

ちいさな手のひら事典
占星術

ファビエンヌ・タンティ 著
ISBN978-4-7661-3589-3

ちいさな手のひら事典
クリスマス

ドミニク・フッフェル 著
ISBN978-4-7661-3639-5

ちいさな手のひら事典
フランスの食卓

ディアーヌ・ヴァニエ 著
ISBN978-4-7661-3760-6

ちいさな手のひら事典 バラ

2019年9月25日　初版第1刷発行
2023年6月25日　初版第6刷発行

著者　　ミシェル・ボーヴェ（© Michel Beauvais）
発行者　西川正伸
発行所　株式会社グラフィック社
　　　　102-0073 東京都千代田区九段北1-14-17
　　　　Phone: 03-3263-4318　Fax: 03-3263-5297
　　　　http://www.graphicsha.co.jp
　　　　振替：00130-6-114345

制作スタッフ
監修：元木はるみ
翻訳：ダコスタ吉村花子
組版・カバーデザイン：杉本瑠美
編集：笹島由紀子
制作・進行：本木貴子（グラフィック社）

◎ 乱丁・落丁はお取り替えいたします。
◎ 本書掲載の図版・文章の無断掲載・借用・複写を禁じます。
◎ 本書のコピー、スキャン、デジタル化等の無断複製は著作権法上の例外を除き禁じられています。
◎ 本書を代行業者等の第三者に依頼してスキャンやデジタル化することは、たとえ個人や家庭内であっても、著作権法上認められておりません。

ISBN978-4-7661-3296-0 C0076
Printed and bound in China